全圖解 永久保存版！

初學鉤針編織入門書

CONTENTS

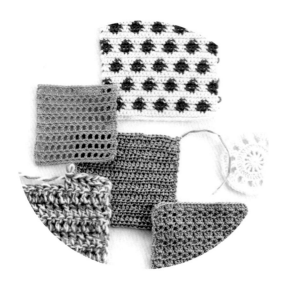

織品加工修飾　69

花朵織片胸針＆髮圈

花樣織片拼接餐墊＆杯墊

橢圓底的小物收納籃

玉針毛線帽

織入花樣腕套

艾倫花樣風手提袋

直線編織的寬鬆背心

鳳梨編披肩

蕾絲花樣風圓形剪接上衣

第1章　鉤織前的準備

在開始學習鉤針編織前，先來準備必要的工具與織線吧！
本章內容中對於鉤針規格、其他相關工具，以及織線的材質、種類、
使用方法等，皆有詳盡的介紹。

鉤針&工具

本單元將介紹鉤針編織時必要的編織用針與便利工具。
請先深入了解用途，再配合需求準備齊全吧！

● 鉤針種類

鉤針意指前端針尖呈鉤狀彎曲的編織用針。
材質有輕金屬、竹製、塑膠等各式各樣的類型，請選擇使用順手的鉤針即可。

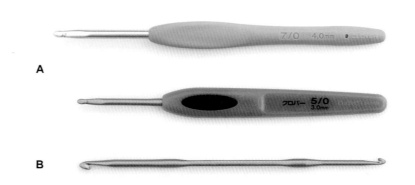

A. 單頭鉤針

僅單邊呈鉤狀的鉤針。此處介紹的單頭鉤針是具有握柄的類型。

B. 雙頭鉤針

兩端皆呈鉤狀，且兩頭為不同規格針號的鉤針，因此一支鉤針即有2種針號可以使用。

● 鉤針規格

代表鉤針粗細的規格針號，從2/0號到10/0號、再從7mm到20mm，針號的數字越大表示針頭越粗。
請配合織線的粗細及形狀，來決定使用鉤針的規格吧！

針的粗細
數字表示針軸的粗細程度。

※圖示為10mm的實物原寸大小。

針號		針粗
2/0	2.0mm	
3/0	2.3mm	
4/0	2.5mm	
5/0	3.0mm	
6/0	3.5mm	
7/0	4.0mm	

針號		針粗
7.5/0	4.5mm	
8/0	5.0mm	
9/0	5.5mm	
10/0	6.0mm	
巨大鉤針 7mm	7.0mm	
巨大鉤針 8mm	8.0mm	

針號		針粗
巨大鉤針 10mm	10.0mm	
巨大鉤針 12mm	12.0mm	
巨大鉤針 15mm	15.0mm	
巨大鉤針 20mm	20.0mm	

● 便利工具

工具提供 Clover株式会社

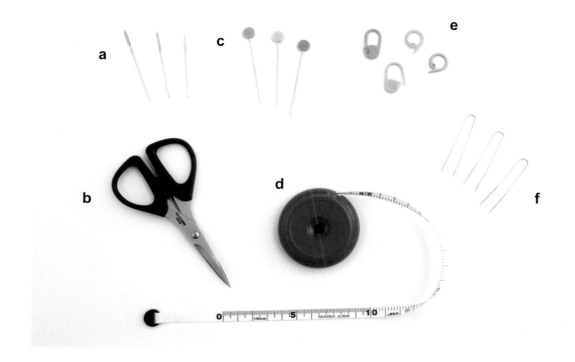

a. 毛線針

毛線縫製用針，針尖圓潤，針孔也較大。
於綴縫、併縫、收針藏線等情況下使用。

b. 剪刀

剪斷織線時使用。

c. 編織用珠針

針體細長且針尖圓潤的編織專用珠針。
於接縫、拼接織片等情況下使用。

d. 捲尺

測量織片尺寸或密度時使用。

e. 段數記號環

掛在針目上作為標示，方便計算段數的道具。

f. U形針

將織片固定於燙墊時使用。
為了方便進行整燙，
呈彎曲狀的U形固定針尖為其特徵。

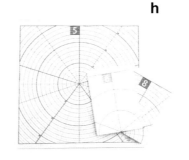

g. 織片密度量尺・編織針量尺

測量密度時可以直接計算出針數與段數，量
尺旁的孔洞亦可配合鉤針的針軸，測量針號
的便利工具。

h. 蕾絲定型版

圓形織片整燙定型時，方便等分固定，作為
燙墊使用的輔助布襯。

關於織線

鉤織使用的線材，有著各式各樣不同的材質、形態與粗細。
只是改換不同種類的織線編織，就能讓同一件作品呈現出截然不同的印象。

● 線球種類

市售織線通常是以捲繞成各種形狀的
線球販售。以下介紹最常見的形式。

A. 一般線球
最常見的線球形狀。
從線球內側中央抽出線頭來使用。

B. 甜甜圈線球
為柔軟織線最常見的線球形狀。
需取下標籤才能使用織線。

● 線材標籤說明

線球標籤上記載著許多織線相關資訊。只要了解標籤提供的訊息，就能作為挑選織線的參考。
此外，保存標籤也能在需要加購織線時更加便利。

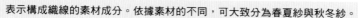
表示構成織線的素材成分。依據素材的不同，可大致分為春夏紗與秋冬紗。

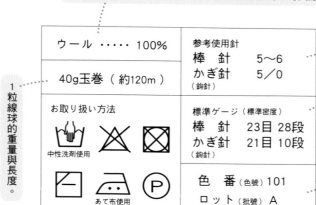

ウール ‥‥ 100%	參考使用針 棒 針 　5〜6 かぎ針 　5／0 （鉤針）
40g玉卷（約120m）	
お取り扱い方法 中性洗剤使用	標準ゲージ（標準密度） 棒 針 　23目 28段 かぎ針 　21目 10段 （鉤針）
あて布使用	色 番（色號）101 ロット（批號）A

1粒線球的重量與長度。

適合此織線的
建議針具號數。

以上述參考針號編織時，
10cm平方內的標準針數與段數。
棒針主要是以平面編、鉤針
以長針編織時為準的密度。

色號與批號
※批號為線線染色時的染缸編號。
色號相同的織線，還是可能因為
批號不同而產生微妙的色差。
購買時請留意這一點。

洗滌・整燙注意事項。

棉、麻等材質，主要作為
夏季織品線材使用。

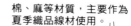

羊毛、羊駝毛、安哥拉等
材質，則用於冬季織品。

使用中性清潔劑

可手洗，
水溫以40℃為限
（使用中性清潔劑）。

不可使用
含氯、含氧的
漂白劑。

不可使用
滾筒式乾衣機
烘乾。

平放陰乾。

使用墊布

可整燙，熨斗底面
溫度以150℃為限
（需使用墊布）。

可使用含四氯乙烯
或石油等成分的
乾洗溶劑。

● 線材粗細

織線越細，鉤織的針目越細密，完成的織片也輕薄；織線越粗，鉤織的針目越粗大，形成的織片也厚實。

※以下介紹為織線粗細的大致分類，實際採用此標示方式的市售織線並不多見。
　織線粗細也會因為不同廠牌而出現些許差異。挑選織線時，請依據線球標籤上的建議，選擇合適的針具規格。

中細（2/0～3/0號針）

合太（3/0～4/0號針）

並太（5/0～7/0號針）

極太（8/0～10/0號針）

超極太（巨大鉤針7～15mm針）

※圖為實物原寸。

● 線材形態

由於撚線方式與構成素材的多樣性，完成的織片風格也會因織線形態而截然不同。

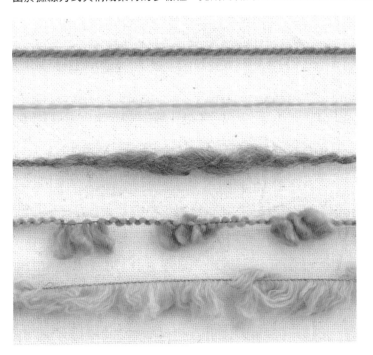

平直線
撚線方法與粗細皆相同的織線，可編織出整齊漂亮的針目。
線材粗細與顏色豐富多樣，
適合編織纖細花樣編或織入圖案時使用。

毛海
擁有長長毛足，可完成蓬鬆柔美的織片。

竹節紗
線材會因位置不同而時粗時細。
針目大小會出現明顯差異，能織成富有變化的織片。

圈圈紗
線材表面有著不規則線圈的織線，可以形成變化十分豐富的織片。

仿毛皮紗
擁有濃密的長長毛足，完成的織片宛如皮草。

● 織線取用方法　若是直接取用線球外側的織線開始編織,每次拉線時,線球就會四處滾動,造成困擾。
因此通常建議從線球中央抽出線頭,以這一端開始編織。

一般線球

甜甜圈線球

1　將手指伸入線球中。

1　首先取下標籤。

2　從線球中央抽出線頭,找不到線頭
時,不妨如圖示拉出一小團織線來
尋找。

2　將手指伸入線球中。

3　從線團中找出線頭,由此開始編
織。

3　捏住線頭後直接抽出。

第2章 鉤針編織基本知識

本章節彙整了許多學習鉤針編織前必備的基本知識。

無論是市售編織書籍中常見的專有名詞，

或是製圖‧織圖的標示資訊等，皆以深入淺出的方式清楚解說。

在實際動手鉤織之前，請務必詳細閱讀。

關於織片

本單元將以最基本的織片為範例，詳細介紹各部位的針目名稱。

● 各部位名稱

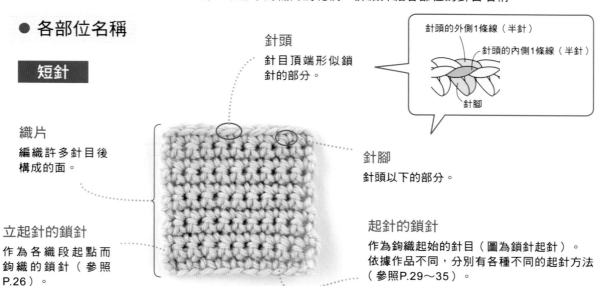

短針

針頭
針目頂端形似鎖針的部分。

針頭的外側1條線（半針）
針頭的內側1條線（半針）
針腳

織片
編織許多針目後構成的面。

針腳
針頭以下的部分。

立起針的鎖針
作為各織段起點而鉤織的鎖針（參照P.26）。

起針的鎖針
作為鉤織起始的針目（圖為鎖針起針）。
依據作品不同，分別有各種不同的起針方法（參照P.29～35）。

長針

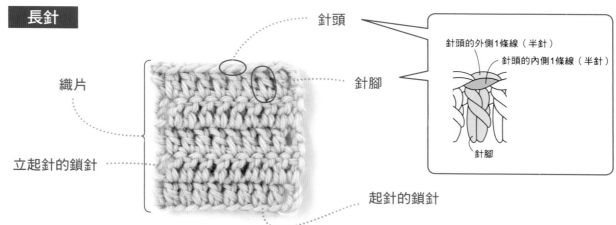

針頭

針腳

針頭的外側1條線（半針）
針頭的內側1條線（半針）
針腳

織片

立起針的鎖針

起針的鎖針

● 所謂的1針·1段

為了正確地計算針數、段數，請牢記1針·1段的形狀。

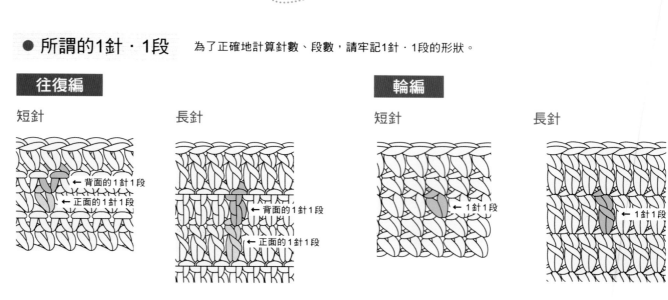

往復編

短針
← 背面的1針1段
← 正面的1針1段

長針
← 背面的1針1段
← 正面的1針1段

輪編

短針
← 1針1段

長針
← 1針1段

● 織片的正面&背面

織圖雖然是以正面觀看織片的狀態來表示，但是進行鉤針編織時，記號的織法無論正面或背面皆相同。※僅爆米花針與引上針會在正面與背面改變織法（參照P.148、P.150～156）。
因此，每隔一段輪流看著織片正面與背面鉤織的往復編，以及始終看著正面鉤織的輪編，織片外觀也會不同。

往復編

由於往復編是交互看著織片的正面與背面進行編織，因此針目會以1段正面、1段背面的方式交錯排列。

短針

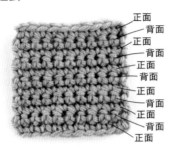

正面
背面
正面
背面
正面
背面
正面
背面
正面
背面
正面

長針

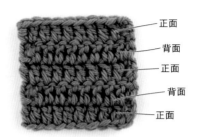

正面
背面
正面
背面
正面

輪編

輪編通常是固定看著織片的正面進行編織，因此僅排列針目的正面（或背面）。

短針

正面

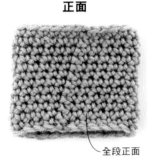

全段正面

背面

全段背面

長針

正面

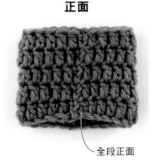

全段正面

背面

全段背面

在前段挑針的方法

按照挑針、綴縫及併縫的指示，進行「挑針頭的2條線（全針）」、「挑針頭的外側1條線（半針）」等情況時，鉤針請依箭頭所示，分別穿入針目挑針。

挑針頭的2條線

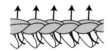

挑針頭的2條線，
鉤織短針的模樣。

正面　　　**背面**

挑針頭的外側1條線

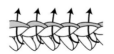

挑針頭的外側1條線，
鉤織短針的模樣。

正面　　　**背面**

針頭的內側1條線
會呈現浮凸的筋狀。

挑針頭的內側1條線

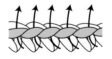

挑針頭的內側1條線，
鉤織短針的模樣。

正面　　　**背面**

針頭的外側1條線，
會在背面呈現浮凸的筋狀。

● 針數＆段數的算法

※為了易於理解，以每段改換色線的方式來呈現。

往復編

短針

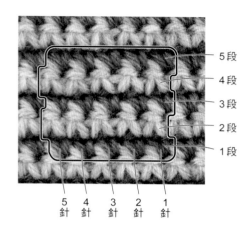

5段
4段
3段
2段
1段

5針 4針 3針 2針 1針

長針

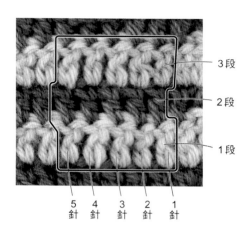

3段
2段
1段

5針 4針 3針 2針 1針

輪編

短針

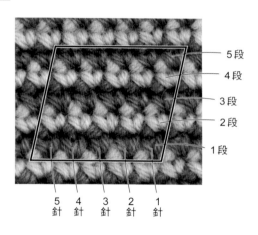

5段
4段
3段
2段
1段

5針 4針 3針 2針 1針

長針

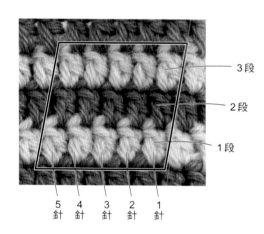

3段
2段
1段

5針 4針 3針 2針 1針

從密度計算出合適尺寸的針數＆段數

只要藉由測量密度的數值，即可利用簡單的算式推算出織品尺寸相對的針數·段數。

範例

10cm正方形的織片密度為 15針 20段 ，以此來推算 25cm正方形 織片所需的針數·段數吧！

【針數】 15針＝10cm → 得出 1.5針＝1cm
25cm × 1.5針 ＝ 37.5 → **38針**

【段數】 20段＝10cm →得出 2段＝1cm
25cm × 2段 ＝ 50 → **50段**

密度
（10cm正方形）
15針 20段

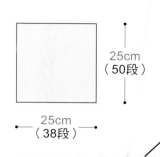

25cm
（50段）

25cm
（38段）

關於密度

所謂的密度係指織片密度，表示10cm正方形範圍內的織片針數與段數。
實際密度會因為個人編織力道輕重而產生差異，即便使用指定的織線與編織針號，
也未必能夠確實作出相同尺寸的織片。想要按照指定尺寸完成作品時，
請務必進行試織並測量密度後，調整合適的編織針號，以期作品符合密度。

● 密度的測量方法

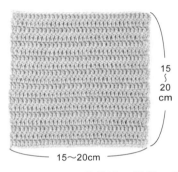

15
〜
20
cm

15〜20cm

1 以編織作品相同的織法，試織一片15〜20cm的正方形織片，並使用蒸氣熨斗平整定型。

POINT

由於靠近織片邊端的針目容易大小不均，因此測量密度時需要較大的織片（15〜20cm的正方形）。織片具有橫向長則容易橫向延展，縱向長則容易縱向延展的特性，所以測量密度用的織片必須越接近正方形越好，這點十分重要。

以蒸氣熨斗整燙，平順織片針目，再測量織片中央針目整齊均一的部分。但是若仔細觀察，會發現密度並未完全一樣。請務必測量2至3處，取其平均值。

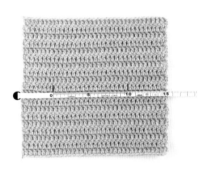

2 將織片放在平坦處，計算織片中央長、寬10cm範圍內的針數與段數。

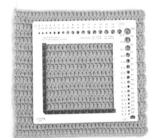

利用密度專用尺可以輕鬆測量計算。

不符合指定密度時

調整編織針號數，儘量完成接近指定密度的織片。

以指定針號的鉤針完成織片

6/0號鉤針

→ **密度 太稀疏**
（針數・段數少於指定密度）

→ **4/0〜5/0號 鉤針** 改換小1〜2號的**較細鉤針**，重新編織。

密度 太緊實
（針數・段數多於指定密度）

7/0〜8/0號 鉤針 改換大1〜2號的**較粗鉤針**，重新編織。

※織片的最初幾段是無法正確測量密度的。由於織片本身的特性會導致編織2、3段後，寬度明顯變寬的情況，因此請務必編織15cm以上的段數再來測量。

※初學者可能會出現依照指定密度編織，卻因為中途編織力道忽大忽小而織出不同密度的情況，編織過程中最好時常測量密度。

往復編 & 輪編

交互看著織片正面與背面，完成各段編織的作法稱為「往復編」，
固定看著織片的其中一面，完成各段編織的作法則是「輪編」。

● 往復編

每織好一段就翻面，交互看著織片的正面與背面進行編織。
織圖上表示鉤織方向的箭頭，每段皆互為反方向排列。

編織記號圖（織圖）

```
0 × × × × × × × × ×    10
× × × × × × × × × × 0
0 × × × × × × × × ×
× × × × × × × × × × 0
0 × × × × × × × × ×    5
× × × × × × × × × × 0
0 × × × × × × × × ×
× × × × × × × × × × 0
0 × × × × × × × × ×      →
× × × × × × × × × × 0    1 ←
```

立起針的鎖針
作為每段鉤織起點，立
定針目高度的鎖針即為
立起針。往復編時，每
段立起針的鎖針會輪流
出現在右側與左側邊端。

起針處。
進行鎖針起針。

表示鉤織方向的箭頭。
往復編時，每一段方向
皆相反。

（ ← ＝看著織片正面
　　　鉤織的織段
　→ ＝看著織片背面
　　　鉤織的織段 ）

由下往上進行鉤織。

記號編織順序

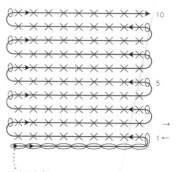

起針處

● **輪編**　織圖上表示編織方向的箭頭，每一段皆朝著相同方向。

依設計而異，也會出現以輪編進行往復編的情況。

由中心鉤織成圓形

立起針的鎖針 &
織段最後的引拔針
在每一段的最後，以引拔針接合該段最初的針目，接著再鉤織下一段立起針的鎖針。

由中心往外進行編織。

編織記號圖（織圖）

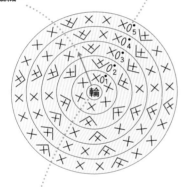

起針處。
進行手指繞線成環的輪狀起針。

記號編織順序

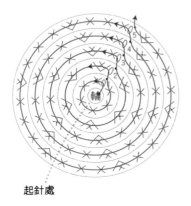

起針處

鉤織成圓筒狀

立起針的鎖針 &
織段最後的引拔針
在每一段的最後，以引拔針接合該段最初的針目，接著再鉤織下一段立起針的鎖針。

編織記號圖（織圖）

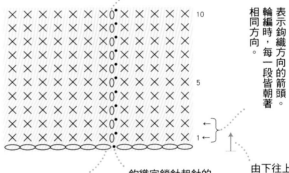

表示鉤織方向的箭頭。輪編時，每一段皆朝著相同方向。

由下往上進行鉤織。

起針處。
進行鎖針起針。

鉤織完鎖針起針的必要針數之後，以引拔針接合最初的針目，連接成圈。

記號編織順序

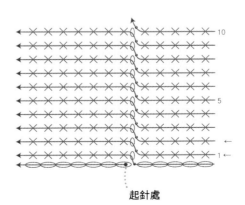

起針處

鉤針編織基本織片花樣

本單元將介紹鉤針編織時常用的基本織片。

● 短針

只要連續鉤織短針，就會形成針目緊密紮實的織片，完成硬挺結實的織品。
往復編與輪編呈現的外觀有所差異。

往復編

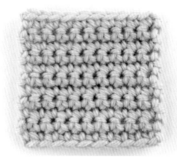

織圖

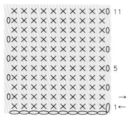

輪編

織圖

> 始終看著織片正面進行的輪狀鉤織，立起針的針目會漸漸往右上偏斜。此針目特性的現象稱作「斜行」。斜行程度也會隨著個人的鉤織力道而有所差異。

● 長針

由於長針具有高度，因此鉤織進度會更加快速，並且形成較短針更薄更柔軟的織片。
與短針相同，往復編與輪編呈現的外觀仍然有所差異。

往復編

織圖

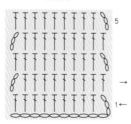

輪編

織圖

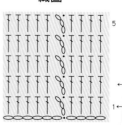

● **方眼編**　組合鎖針與長針等針法，鉤織出方格狀的鏤空花樣就稱作「方眼編」。可透過改變鎖針針數，或是將每1個方格的鎖針替換成長針，享受各種變化的樂趣。

織圖

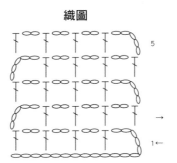

● **網狀編**　有如網眼般的鏤空花樣就稱作「網狀編」，重複鉤織鎖針與短針即可簡單完成。可任意朝向所有方向延展，具有容易變形的特徵。

織圖

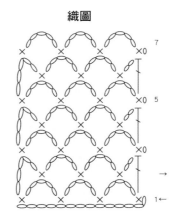

● **松編**　在同1處織入複數針目，形成有如日本傳統松樹紋樣的花樣，稱作「松編」。

織圖

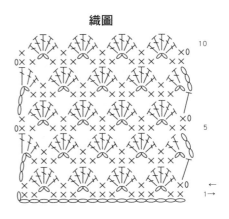

製圖 & 織圖

編織圖示一般會以「製圖」與「織圖」兩種圖表來記載鉤織相關資訊。
製圖是以數字來標示作品尺寸，以及對應針數·段數的圖。
織圖則是以針目記號來表示鉤織作法，並且皆為織片正面呈現的樣子。

編織順序

● 製圖說明（毛衣）

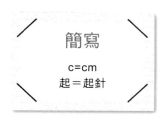

簡寫

c=cm
起＝起針

尺寸與針數。

尺寸與段數。

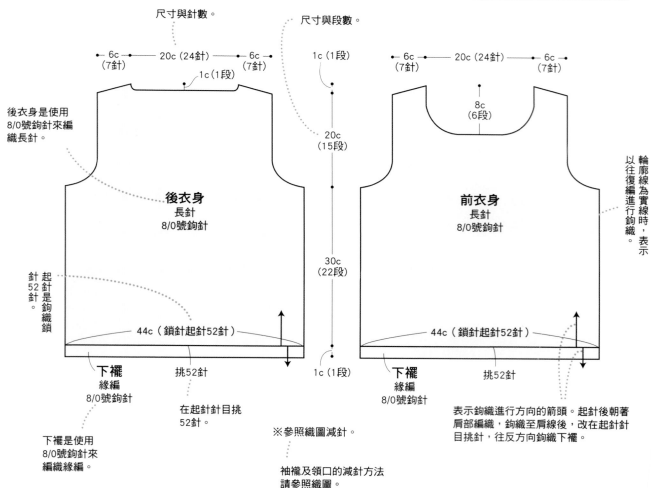

← 6c →（7針） ── 20c（24針）── ← 6c →（7針）

1c（1段）

1c（1段）

後衣身是使用8/0號鉤針來編織長針。

後衣身
長針
8/0號鉤針

針52針。
起針是鉤織鎖針

44c（鎖針起針52針）

下襬
緣編
8/0號鉤針

挑52針

在起針針目挑52針。

下襬是使用8/0號鉤針來編織緣編。

20c（15段）

30c（22段）

1c（1段）

※參照織圖減針。

袖襱及領口的減針方法請參照織圖。

← 6c →（7針） ── 20c（24針）── ← 6c →（7針）

8c
（6段）

前衣身
長針
8/0號鉤針

輪廓線為實線時，表示以往復編進行鉤織。

44c（鎖針起針52針）

下襬
緣編
8/0號鉤針

挑52針

表示鉤織進行方向的箭頭。起針後朝著肩部編織，鉤織至肩線後，改在起針針目挑針，往反方向鉤織下襬。

● 織圖說明（毛衣）　　改以織圖來呈現P.22製圖的圖示。

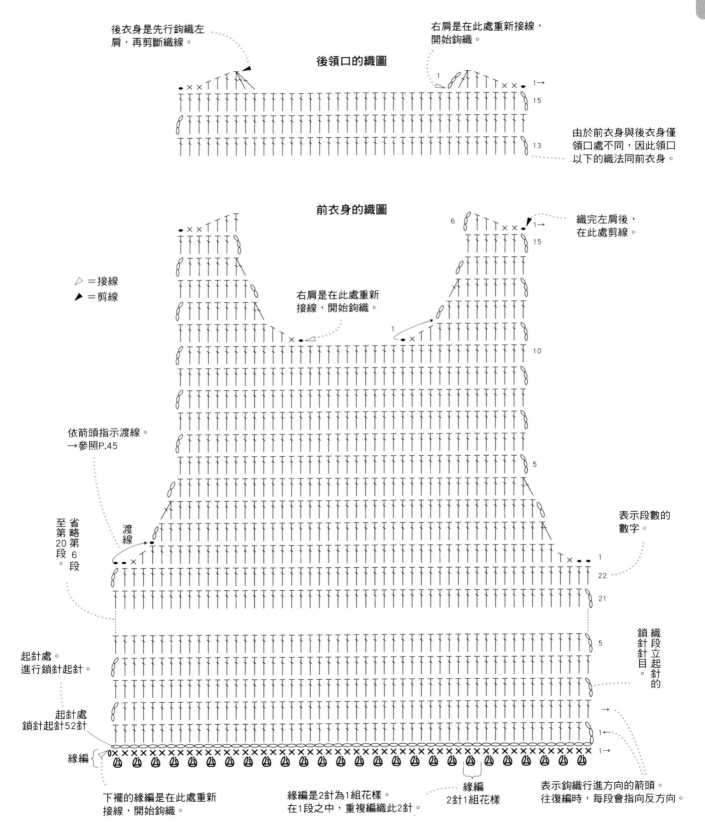

後衣身是先行鉤織左肩，再剪斷織線。

右肩是在此處重新接線，開始鉤織。

後領口的織圖

由於前衣身與後衣身僅領口處不同，因此領口以下的織法同前衣身。

前衣身的織圖

織完左肩後，在此處剪線。

△＝接線
▶＝剪線

右肩是在此處重新接線，開始鉤織。

依箭頭指示渡線。
→參照P.45

表示段數的數字。

省略第6段。
至第20段。

渡線

織段立起針的鎖針針目

起針處。
進行鎖針起針。

起針處
鎖針起針52針

緣編

下襬的緣編是在此處重新接線，開始鉤織。

緣編是2針為1組花樣。
在1段之中，重複編織此2針。

緣編
2針1組花樣

表示鉤織行進方向的箭頭。
往復編時，每段會指向反方向。

● 製圖說明（小物）

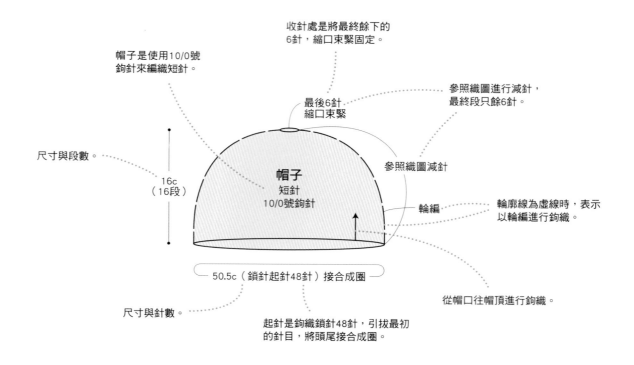

收針處是將最終餘下的
6針，縮口束緊固定。

帽子是使用10/0號
鉤針來編織短針。

參照織圖進行減針，
最終段只餘6針。

最後6針
縮口束緊

尺寸與段數。

參照織圖減針

帽子
短針
10/0號鉤針

16c
（16段）

輪編

輪廓線為虛線時，表示
以輪編進行鉤織。

50.5c（鎖針起針48針）接合成圈

從帽口往帽頂進行鉤織。

尺寸與針數。

起針是鉤織鎖針48針，引拔最初
的針目，將頭尾接合成圈。

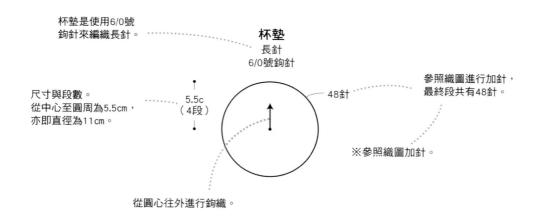

杯墊是使用6/0號
鉤針來編織長針。

杯墊
長針
6/0號鉤針

參照織圖進行加針，
最終段共有48針。

尺寸與段數。
從中心至圓周為5.5cm，
亦即直徑為11cm。

5.5c
（4段）

48針

※參照織圖加針。

從圓心往外進行鉤織。

POINT

依據書籍或教材的不同，細節處的標記方式或許會有所差異，但所要表達的內容
大致相同。因此只要確實掌握基礎知識，即可理解所有書籍的編織圖。

● 織圖說明（小物）　改以織圖來呈現P.24製圖的圖示。

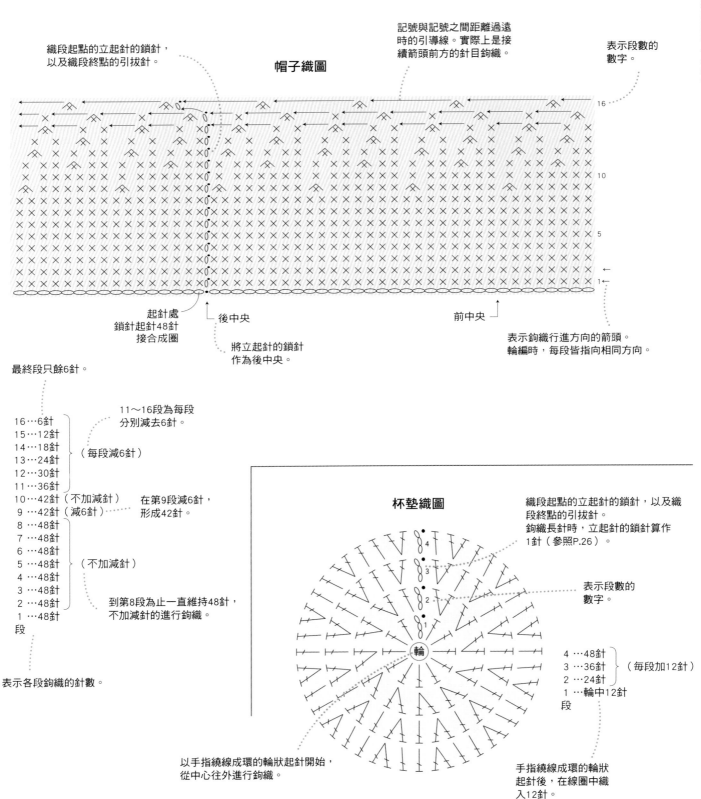

織段起點的立起針的鎖針，
以及織段終點的引拔針。

記號與記號之間距離過遠
時的引導線。實際上是接
續箭頭前方的針目鉤織。

表示段數的
數字。

帽子織圖

起針處
鎖針起針48針
接合成圈

後中央

將立起針的鎖針
作為後中央。

前中央

表示鉤織行進方向的箭頭。
輪編時，每段皆指向相同方向。

最終段只餘6針。

16…6針
15…12針
14…18針
13…24針
12…30針
11…36針
10…42針（不加減針）
9 …42針（減6針）
8 …48針
7 …48針
6 …48針
5 …48針
4 …48針
3 …48針
2 …48針
1 …48針
段

（每段減6針）

11〜16段為每段
分別減去6針。

在第9段減6針，
形成42針。

（不加減針）

到第8段為止一直維持48針，
不加減針的進行鉤織。

表示各段鉤織的針數。

杯墊織圖

織段起點的立起針的鎖針，以及織
段終點的引拔針。
鉤織長針時，立起針的鎖針算作
1針（參照P.26）。

表示段數的
數字。

輪

4 …48針
3 …36針
2 …24針
1 …輪中12針
段

（每段加12針）

以手指繞線成環的輪狀起針開始，
從中心往外進行鉤織。

手指繞線成環的輪狀
起針後，在線圈中織
入12針。

25

關於立起針的鎖針

在織段起點先鉤織出與該段針目相同高度的鎖針，稱作「立起針的鎖針」。
依據後續針目的不同，立起針的鎖針數也會隨之改變。

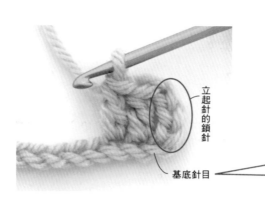

立起針的鎖針

基底針目

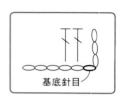

所謂的基底針目

除短針以外的立起針都算作1針。由於起針針目的每1針鎖針，都對應著織入的1針針目，因此對於計入針數的「立起針的鎖針」，當然也需要1針的起針針目，而這1針就稱作「基底針目」。

基底針目

● 各針目立起針所需的鎖針針數

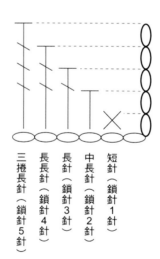

三捲長針（鎖針5針）

長長針（鎖針4針）

長針（鎖針3針）

中長針（鎖針2針）

短針（鎖針1針）

短針

1針

立起針的鎖針1針

中長針

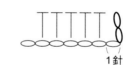
1針

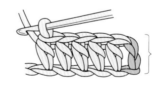
立起針的鎖針2針

長針

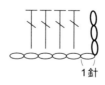
1針

立起針的鎖針3針

長長針

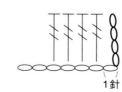
1針

立起針的鎖針4針

POINT

立起針的鎖針，基本上都算作該織段最初的1針。
然而只有短針的立起針不算作1針，因此也不需要基底針目的存在，直接織入短針即可。

依據織片形狀及花樣的不同，也會發生變動立起針的鎖針針數的情況。

第3章　鉤針編織技巧

事前工作準備妥當，那就開始動手鉤織吧！
本章從鉤針與織線的拿法、鉤織初始的起針方法、減針法、加針法等，
以及實際鉤織作品時的必要技巧都有詳細解說。

掛線方法 & 鉤針拿法

在左手掛上織線，以右手持鉤針開始鉤織。

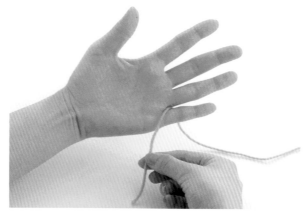

1 在左手掛線。右手拿著線頭端，如圖示從左手的手背往內夾入小指與無名指之間。

2 向上拉至中指與食指之間，往外穿往手背。

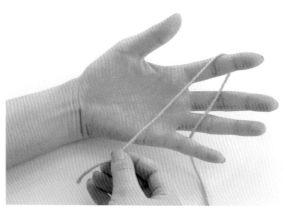

3 繞回掛在食指上，將線頭端往下拉。

4 食指伸直繃緊織線，大拇指與中指夾住線頭端固定。

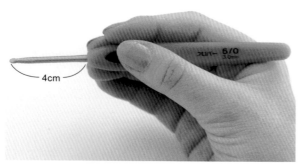

5 右手持鉤針。距離針頭約4cm處，以大拇指和食指拿著鉤針中軸，中指輕輕抵著針即可。若是掛在鉤針上的織線滑動時，可用中指輔助壓住。

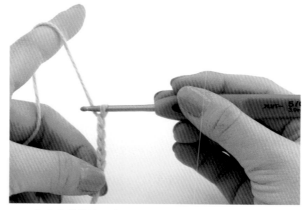

6 左手拿著織片固定，鉤針則是貼著左手大拇指與食指之間的織線，以右手鉤織針目。為了能夠順暢地引出織線，請避免將穿過左手的織線夾得太緊。

起針與第1段的織法

開始鉤織時必須先製作「起針」的針目。

起針方法主要有「鎖針起針」、「鎖針接合成圈的輪狀起針」、「手指繞線成環的輪狀起針」三種。

● 鎖針起針

此為鉤針編織最基本的起針法。
請注意鎖針針目不可織得太緊。

1 鉤針抵住織線外側，依箭頭指示轉動針頭，作出線圈。

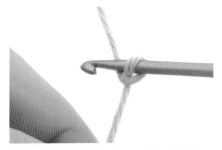

2 織線纏掛於鉤針上，完成線圈的樣子。

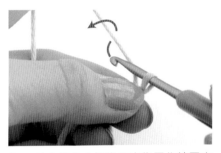

3 以左手的大拇指和中指壓住線圈交叉處固定，鉤針依箭頭指示轉動，掛線。

4 掛在鉤針上的織線依箭頭指示，從線圈中引出。

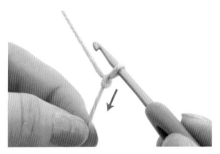

5 依箭頭指示下拉線端，適當收緊起針的線圈。

6 鉤針掛線，依箭頭指示引拔。

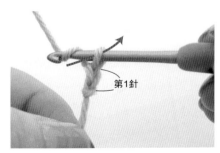

第1針

7 完成第1針鎖針。鉤針接著掛線，依箭頭指示引拔，鉤織第2針鎖針。

5針鎖針

8 完成5針鎖針的模樣。以相同針法繼續鉤織必要針數的鎖針。掛在鉤針上的線圈不算作1針。

第1段的織法

往復編

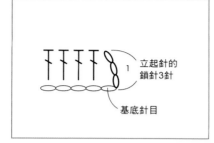

立起針的
鎖針3針

基底針目

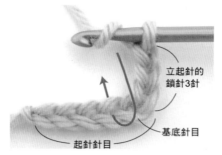

立起針的
鎖針3針

基底針目

起針針目

1 完成鎖針起針的必要針數後，接續鉤織立起針的3針鎖針。鉤針先掛線，再依箭頭指示穿入鎖針，鉤織1針長針。

2 重複在起針的鎖針上挑針，以相同針法鉤織長針。

在鎖針起針上挑針的位置

在鎖針起針的針目上挑針，鉤織第1段的方法有3種。依據使用的挑針方法，
成品的外觀也會隨之不同，請活用各自的特色來選用挑針方法鉤織吧！

挑鎖針外側織線（半針）與背面織線（裡山）的方法

由於挑了2條線鉤織，因此成品的起針部分會顯得較厚，但也相對穩定。適合需要在1針鎖針中織入2針以上針目，或是跳過部分起針針目進行挑針的織片。

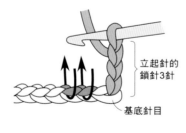

立起針的
鎖針3針

基底針目

挑鎖針外側1條線鉤織的方法

挑針處容易分辨，成品的起針部分也相對較薄。適用於想作出富有彈性的織片。

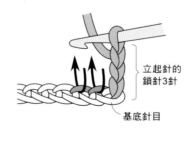

立起針的
鎖針3針

基底針目

挑鎖針背面織線（裡山）鉤織的方法

起針的鎖針表面整齊排列在外，織片邊緣會顯得相對美觀。適合之後不再鉤織緣編的作品。

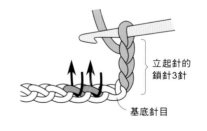

立起針的
鎖針3針

基底針目

輪編（鉤織成圓筒狀） ※已將起針的鎖針頭尾接合成圈。

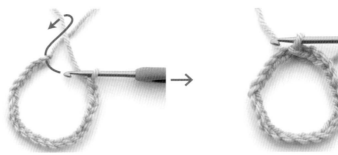

鉤織必要的鎖針起針針數。注意要在沒有扭轉的狀態下，鉤針穿入第1針鎖針的外側織線與裡山，挑針掛線後，引拔接合。

起針針目接合成圈的狀態。

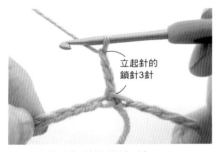

1 鉤織立起針的鎖針3針。

2 鉤針掛線，依箭頭指示穿入起針針目，鉤織1針長針（挑鎖針的外側織線與裡山）。

3 完成1針長針。接下來以相同方式進行，鉤針掛線，在起針的鎖針上挑針，鉤織長針。

4 鉤織1圈直到最後的長針完成。鉤針依箭頭指示，穿入立起針第3針的鎖針中。

5 鉤針掛線，一次引拔2線圈。

6 完成第1段。

輪編（鉤織成橢圓形）

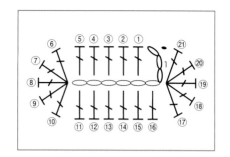

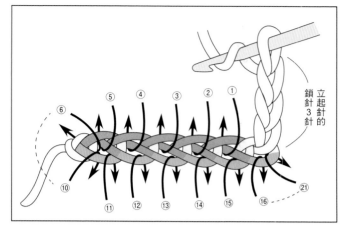

1 鉤織必要的鎖針起針針數，再鉤織立起針的鎖針3針。鉤針掛線，在起針針目上挑針鉤織長針（①～⑤）（挑鎖針的外側織線與裡山）。

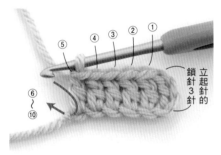

2 鉤至起針的邊端處。在同一針目中，織入5針長針（⑥～⑩），作出側邊的半圓。繼續沿著起針針目進行鉤織，織片成為上下顛倒的狀態。

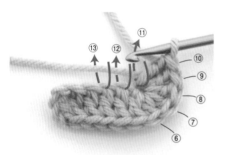

3 挑起針針目餘下的1條線，在另一側繼續鉤織長針（⑪～⑯）。此時要將起針時的線頭一併包裹編織，方便收針藏線。

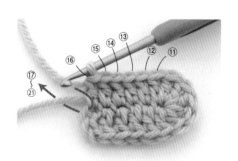

4 鉤織至起針的邊端處。在同一針目中，織入餘下的5針長針（⑰～㉑），作出另一側的半圓。

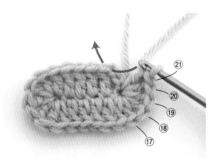

5 鉤完㉑時，將鉤針穿入立起針的第3針鎖針，鉤織引拔針接合。

6 完成第1段。起針處的線頭沿織片邊緣剪斷。

● 鎖針接合成圈的輪狀起針

1 鉤織6針鎖針，鉤針穿入第1針鎖針的外側織線與裡山。

2 鉤針掛線，一次引拔2線圈。

3 完成將起針針目接合成圈。

第1段的織法

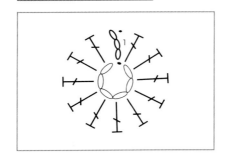

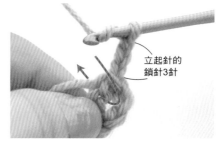

1 鉤織立起針的鎖針3針。鉤針掛線後，穿入起針針目中央形成的輪中，掛線鉤織長針。此時要將起針時的線頭一併包裹編織，方便收針藏線。

立起針的鎖針3針

2 完成1針長針。鉤針掛線，以相同方式穿入輪中，織入其餘的10針長針。

3 完成必要針數的長針。將鉤針穿入立起針的第3針鎖針，鉤針掛線，織引拔針接合。

4 完成第1段。起針處的線頭沿織片邊緣剪斷。

● 手指繞線成環的輪狀起針

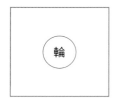

輪

線頭端

1 線頭端預留約10cm，在左手食指上繞線2圈。

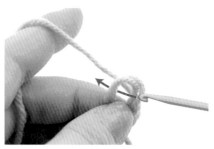

2 取下線圈後，如圖示按住固定，鉤針依箭頭指示穿入線圈（輪）中。

3 鉤針掛線，依箭頭指示引出織線。

4 鉤針再次掛線，依箭頭指示引拔針上的線圈。

5 完成手指繞線成環的輪狀起針。

第1段的織法

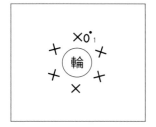

鎖針1針的立起針

1 鉤織立起針的鎖針1針，鉤針依箭頭指示，穿入輪中。

2 鉤針掛線，依箭頭指示引出織線。

段數記號環

只要將段數記號環掛在第1針的短針上，
計算針數時即可成為醒目的標記。

3 鉤針掛線，依箭頭指示引拔2線圈，鉤織短針。

4 完成1針短針。以相同方式在輪中織入其餘5針短針。

5 完成織入必要針數的短針。

連動收緊的線圈（★）

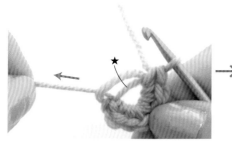

6 輕輕拉動線頭，線圈的2條線中會有1條線隨之連動收緊（★）。拉起連動的那條線，藉此收緊另一條線圈及輪。

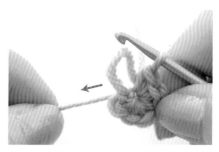

7 一條線圈已收緊的模樣。拉動線頭，收緊餘下的線圈。

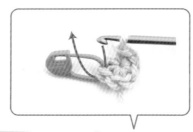

8 中央的孔洞已收緊閉合。

9 鉤針依箭頭指示，挑第1針短針針頭的2條線，掛線後織引拔針接合。

10 完成第1段。

● 在塑膠環挑針鉤織第1段的方法

不織起針針目，直接在塑膠環
或髮圈等環狀物上鉤織第1段的方法。

手藝用塑膠環

塑膠環

1 左手掛線，手指一併固定織線與
塑膠環。鉤針依箭頭指示，穿入
塑膠環中。

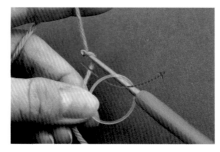

2 鉤針掛線，依箭頭指示引出織線。

3 鉤針掛線，依箭頭指示引拔。

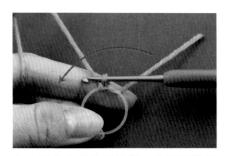

4 鬆開左手上的線頭，依箭頭指示
跨過織線上方，繞往左側，緊貼
塑膠環。以左手重新拿著塑膠環
與線頭。

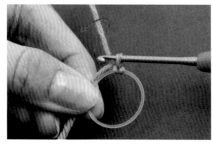

5 鉤針掛線，鉤織立起針的鎖針1針。

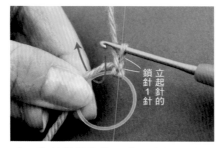

立起針的
鎖針
1針

6 鉤針依箭頭指示穿入塑膠環中，
以包裹塑膠環與線頭的方式，鉤
織短針。

7 完成1針短針。以相同方式重複在
塑膠環上挑針，織入短針。

8 織入必要針數的短針，完成1圈。鉤
針依箭頭指示，挑第1針短針針頭的
2條線，掛線後織引拔針接合。

9 完成第1段的挑針鉤織。

中途線長不足的接線法

在織段中途接線

（在織片正面接線時）

 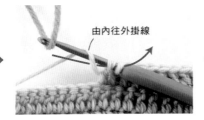 

即將完成針目最後的引拔時，如圖示將原本的織線由內往外掛在鉤針上，再以針尖鉤住新線，進行引拔。

以新的織線繼續鉤織。

（在織片背面接線時）

 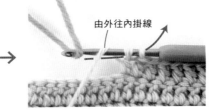 

即將完成針目最後的引拔時，如圖示將原本的織線由外往內掛在鉤針上，再以針尖鉤住新線，進行引拔。

以新的織線繼續鉤織。

在織片邊端（段的交接處）接線

（在織片正面接線時） （在織片背面接線時）

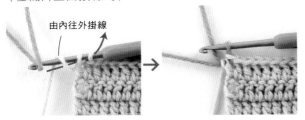 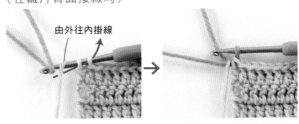

織段最後1針要進行完成針目的引拔時，如圖示將原本的織線由內往外掛在鉤針上，再以針尖鉤住新線引拔。

織段最後1針要進行完成針目的引拔時，如圖示將原本的織線由外往內掛在鉤針上，再以針尖鉤住新線引拔。

「織布結」接線法

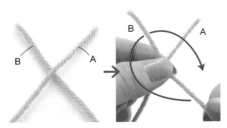 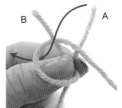 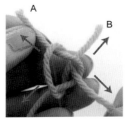 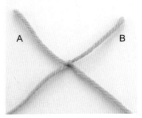

1 依圖交叉原本的編織線（A）與新線（B）線頭，左手捏住交叉點，右手持B線依箭頭指示繞行。

2 將A的線頭穿入步驟 **1** 的線圈中。

3 依箭頭指示，平均拉緊A·B四條線。

4 完成織布結。

第2段以後的織法

第2段以後的織法，只要沒有特別指示，都是挑前段針頭的2條線鉤織。
由於織片邊端的針目較難辨識，有可能不知不覺就忘了挑針，這點請多加留意。

從短針・長針挑針

● 往復編

鉤織下一段時的織片翻面方法

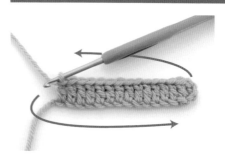

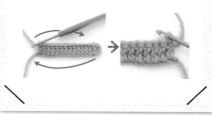

※但是，若下一段的鉤織起點為引拔針時，織片翻轉方向則與前述相反，以便讓織線維持在外側。

1 依箭頭指示，將織片左端翻轉到背面，右端翻轉成正面，整個織片呈現背面朝上的樣子。

2 織線在內側。

短針織片

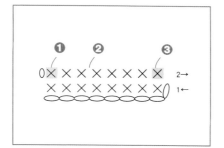

O ×××××××× × 2→
 ×××××××× 1←
 ❶   ❷   ❸

❶ 立起針鎖針後的下一針挑針法

挑前段最終的短針針頭2條線，鉤織短針。

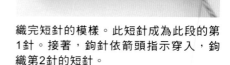

織完短針的模樣。此短針成為此段的第1針。接著，鉤針依箭頭指示穿入，鉤織第2針的短針。

❷ 織段中間針目的挑針法

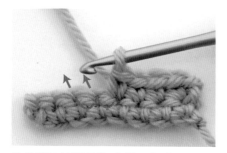

挑前段短針針頭的2條線，鉤織短針。

❸ 織段終點針目的挑針法

挑前段最初的短針針頭2條線，鉤織短針。

完成終點針目的模樣。

長針織片

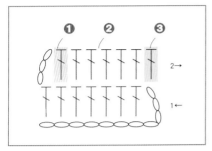

※短針以外的針目（中長針或長長針等）皆以相同方式挑針。

❶ 立起針鎖針後的下一針挑針法

挑前段倒數第2針的長針針頭2條線，鉤織長針。

織完長針的模樣。立起針的鎖針為此段的第1針，長針則是第2針。

❷ 織段中間針目的挑針法

挑前段長針針頭的2條線，鉤織長針。

❸ 織段終點針目的挑針法

挑前段立起針的第3針鎖針針頭，鉤織長針。

第2段時

看著背面，鉤針穿入第1段立起針的第3針鎖針針頭。

第3段之後

看著正面，鉤針穿入前段立起針的第3針鎖針針頭。

↓

完成終點針目的模樣。

多挑針目或缺漏針目的狀態

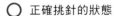

○ 正確挑針的狀態

織片筆直延展。

忘記從前段立起針的鎖針開始挑針。

✕ 挑錯針目的狀態

織片顯得歪斜扭曲。

在前段的終點針目織入了長針（應為立起針）。

● 輪編

短針織片

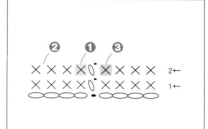

❶ 立起針鎖針後的下一針挑針法

挑前段最初的短針針頭2條線（前段最後挑針鉤織引拔接合的同一針目），鉤織短針。

織完短針的模樣。此短針成為此段的第1針。

❷ 織段中間針目的挑針法

挑前段短針針頭的2條線，鉤織短針。

❸ 織段終點針目的挑針法

最後的引拔針　　　終點的短針

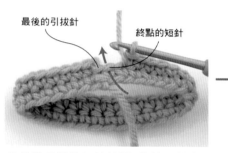 

挑前段終點的短針針頭2條線，鉤織短針。請注意，直到本段完成，都不可以在前段最後接合的引拔針上挑針。

完成終點針目的模樣。

長針織片

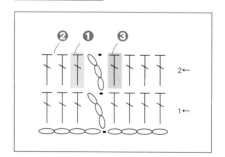

❶ 立起針鎖針後的下一針挑針法

挑前段第2針長針（第1針為立起針的鎖針）的針頭2條線，鉤織長針。

織完長針的模樣。立起針的鎖針為此段的第1針，長針則是第2針。

※短針以外的針目（中長針或長長針等）皆以相同方式挑針。

❷ 織段中間針目的挑針法

挑前段長針針頭的2條線，鉤織長針。

❸ 織段終點針目的挑針法

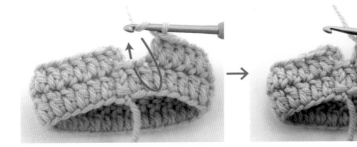

挑前段終點的長針針頭2條線，鉤織長針。　完成終點針目的模樣。

挑束鉤織

在前段的鎖針挑針時，若鉤針是從鎖針下方的空隙穿入，挑起整條鎖針鉤織，則稱作「挑束鉤織」。
前段為鎖針的情況時，基本上都是挑束鉤織。

方眼編時

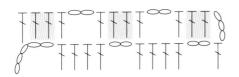

粉紅色部分的長針，是在前段的鎖針上挑束鉤織而成。

鉤針掛線，鉤針依箭頭指示穿入鎖針下方，鉤織長針。

完成長針的模樣。挑束鉤織時，會將前段的鎖針包裹在針目裡。

網狀編時

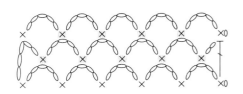

粉紅色部分的短針，是在前段的鎖針上挑束鉤織而成。

鉤針依箭頭指示穿入鎖針下方，鉤織短針。

完成短針的模樣。挑束鉤織時，會將前段的鎖針包裹在針目裡。

從中長針的玉針挑針

中長針的玉針，由於針目的特性，針頭會稍微偏向針腳的右側。

鉤織下一段針目時，若是將鉤針穿入針頭挑針，織片的整體針目將會呈現歪斜狀。

因此特地藉由在針頭的相鄰針目（位於針腳正上方的針目）挑針的方式，導正針目，使之整齊美觀。

● 往復編

在針頭挑針

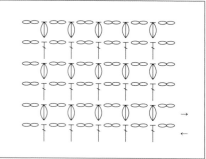

鉤針穿入玉針的針頭（因為是往復編，所以針頭會偏向針腳的左側）。

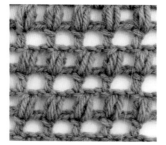

整體針目呈歪斜狀。

在針頭的相鄰針目挑針

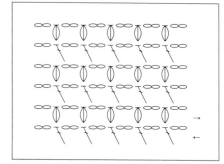

鉤針穿入玉針針腳正上方的針目（因為是往復編，所以實際上是穿入針頭右邊的鎖針中）。

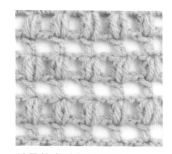

針目整齊美觀且直排。

從長針的玉針挑針（往復編）

長針的玉針，由於針頭位於針腳的正上方，因此鉤針照常在針頭挑針，鉤織下一段的針目即可。

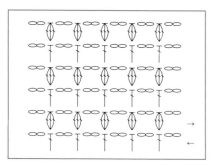

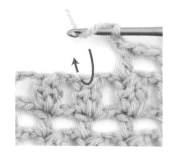

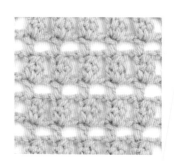

● 輪編

在針頭挑針

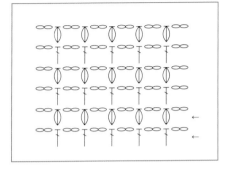

鉤針穿入玉針的針頭（因為是輪編，所以針頭會稍微偏向針腳的右側）。

整體針目呈歪斜狀。

在針頭的相鄰針目挑針

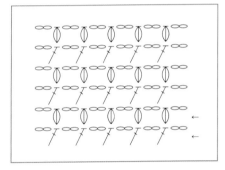

鉤針穿入玉針針腳正上方的針目（因為是輪編，所以實際上是穿入針頭左邊的鎖針中）。

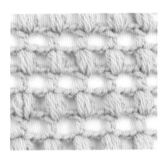

針目整齊美觀且直排。

從長針的玉針挑針（輪編）

長針的玉針，由於針頭位於針腳的正上方，因此鉤針照常在針頭挑針，鉤織下一段的針目即可。

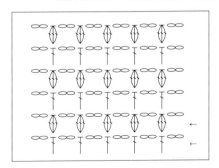

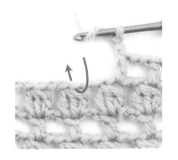

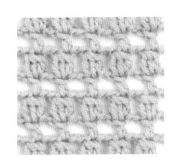

減針

為了縮減織片的寬度，進而減少針目的織法稱為「減針」，
通常會在製作袖襱、領口、袖山的曲線等時候使用。

● 減1針

無論是在織片邊端進行減針，或是在織段中途進行減針，
都是使用稱為「2針併為1針」的技法來鉤織。

短針織片

⋀ ＝2短針併針
（參照P.139）

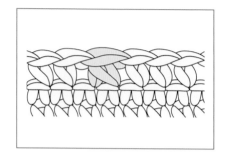

原本前段為2針的針目，減少成1針。

長針織片

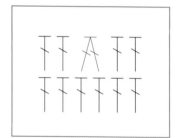

⋀ ＝2長針併針
（參照P.141）

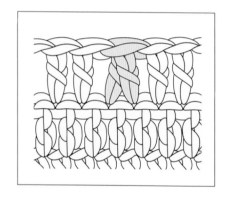

原本前段為2針的針目，減少成1針。

● 減2針

無論是在織片邊端進行減針，或是在織段中途進行減針，
都是使用稱為「3針併為1針」的技法來鉤織。

短針織片

⋀ ＝3短針併針
（參照P.139）

原本前段為3針的針目，減
少成1針。

長針織片

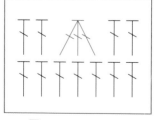

⋀ ＝3長針併針
（參照P.141）

原本前段為3針的針目，減
少成1針。

● 邊端處減數針

在織片邊端一次減去數針的方法。在織段起點是使用「渡線」的技巧來減針，
在織段終點側則是以「殘留針目」的方法來減針。以下將以長針織片舉例說明。

在織段起點減去數針（渡線）

使用渡線，之後可省去收針藏線的手續與時間。
此外，渡線的線段也能在之後挑針鉤織緣編時，藉由包裹編織的方式完美藏起。

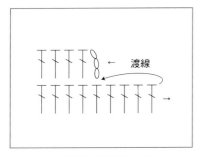

在織段起點減4針

1 前段針目全部鉤織完成後，將掛在鉤針上的線圈拉長擴大。

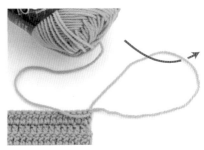

2 取下鉤針，將毛線球穿過大大的線圈中。

3 拉動穿過的線球側織線，收緊線圈。

4 線圈收緊的模樣。針目形成解不開的固定狀態。

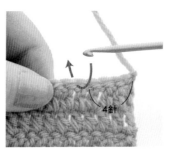

5 鉤針依箭頭指示，直接穿入邊端算起的第5針。

6 鉤針掛線，引出織線。

7 引出織線的模樣。請適度掌控渡線的鬆緊程度，不可太緊或過於鬆弛。

8 鉤織立起針的鎖針3針，按照織圖所示繼續鉤織。

9 在邊端處減去4針。

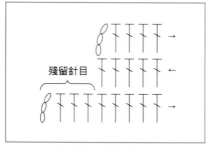

在織段終點減去數針（殘留針目）

在織段終點減4針

殘留針目

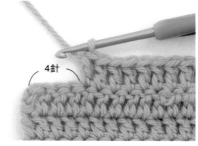

4針

織段的最後4針直接殘留不鉤織，翻至背面鉤織下一段。在邊端處減去4針。

領口的減針法（接線‧剪線）

鉤織領口時，是從中央分別往左右兩側進行編織。
先以鉤織身片的織線，繼續編至一邊直到肩線為止，
再接上新的織線，鉤織另一邊的肩部。

織圖

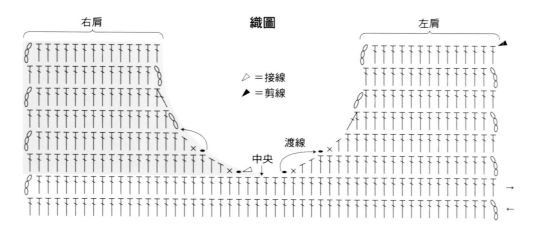

右肩　　左肩

▷＝接線
▶＝剪線

渡線
中央

※為了更加清晰易懂，接線編織部分改以不同色線示範。

1 先以身片的織線，繼續進行左肩的往復編。收針處的織線直接剪斷。
（▶ 剪線）

2 鉤針穿入右肩的鉤織起點，接上新的織線。
（▷ 接線）

3 參照織圖，鉤織右肩的第1段。

4 繼續進行右肩的往復編，直到完成。

加針

為了增加織片的寬度，進而增加針目的織法稱為「加針」，
通常會在製作袖下傾斜展開的部分，或下襬加寬等時候使用。

● 加1針

無論是在織片邊端進行加針，或是在織段中途進行加針，
都是使用「織入2針」的技法來鉤織。

短針織片

∨ ＝2短針加針
（參照P.135）

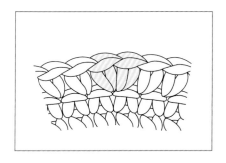

原本前段只有1針的針目，增加成2針。

長針織片

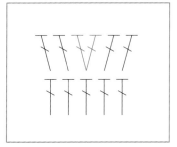

∨ ＝2長針加針
（參照P.137）

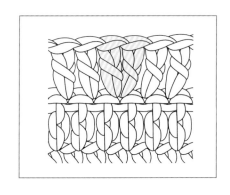

原本前段只有1針的針目，增加成2針。

● 加2針

無論是在織片邊端進行加針，或是在織段中途進行加針，
都是使用「織入3針」的技法來鉤織。

短針織片

∨ ＝3短針加針
（參照P.135）

原本前段只有1針的針目，
增加3針。

長針織片

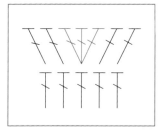

∨ ＝3長針加針
（參照P.137）

原本前段只有1針的針目，
增加成3針。

● 邊端處加數針

在織片邊端一次增加數針的方法。分別有「在前段終點接續鉤織鎖針」，
以及「在前段起點側另接別線鉤織鎖針」的方法。以下將以長針織片舉例說明。

在前段終點接續鉤織鎖針

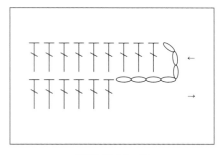

接續增加4針

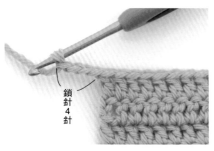

1 前段針目全部鉤織完成後，接續鉤織4針鎖針。

2 將織片翻至背面，鉤織立起針的鎖針3針。

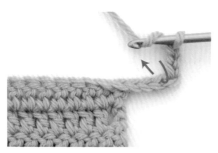

3 在接續鉤織的鎖針針目上挑針，鉤織長針。

4 完成在鎖針針目上挑針鉤織的模樣。在織片邊端增加4針。

5 繼續挑前段針頭的2條線鉤織長針。

在前段起點側另接別線鉤織鎖針

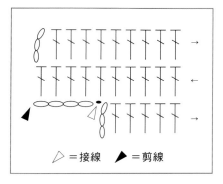

△ =接線　▶ =剪線

另接別線增加4針

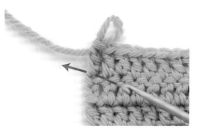

1 前段針目全部鉤織完成後，如圖示取下鉤針，再將鉤針穿入前段立起針的第3針鎖針。

2 針尖掛上別線，引出別線。

3 鉤針掛線引拔。

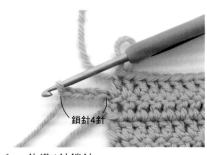

鎖針4針

4 鉤織4針鎖針。

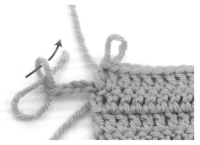

5 預留大約5cm的線頭後剪斷。取下鉤針，將線頭穿入線圈中，收緊固定。

6 鉤針重新穿回步驟**1**休針的線圈中，在新織的鎖針針目上挑針，鉤織長針。

7 完成在鎖針針目上挑針鉤織的模樣。在織片邊端增加4針。

配色換線方法

以下將介紹，在鉤織中途改換色線的方法。
依照織品配色的段數、針數及圖案，有著各式各樣的織法。

條紋圖案的配色換線

● 往復編

每1段在邊端配色換線的方法

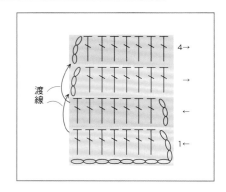

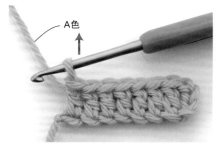

1 以A色線織完第1段後，將掛在鉤針上的線圈拉長擴大。

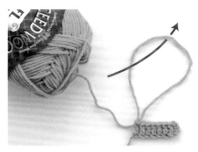

2 取下鉤針，將毛線球穿過大大的線圈中。

3 拉動穿過的線球側織線，收緊線圈。針目形成解不開的固定狀態。

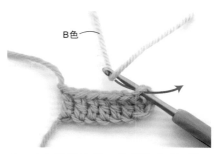

4 A色線暫休針。鉤針穿入第1段立起針的第3針鎖針中，引出B色線。

5 引出B色線。

6 鉤織立起針的鎖針3針，繼續鉤織長針。

7 　繼續挑針鉤織第2段的長針。

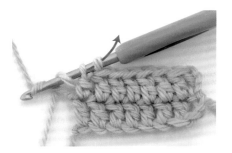

8 　第2段終點的長針要進行最後的引拔時，針尖改掛先前休針的A色線。此時如圖示，要先將B色線由內往外掛在鉤針上。

9 　引拔完成長針的模樣。此時請適度拉緊織線，不可讓渡線太緊或過於鬆弛。B色線暫休針。

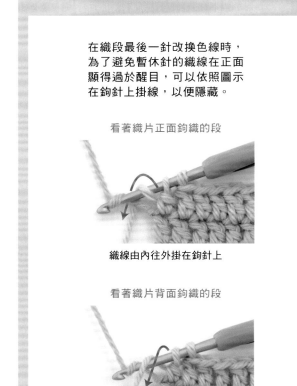

POINT

在織段最後一針改換色線時，為了避免暫休針的織線在正面顯得過於醒目，可以依照圖示在鉤針上掛線，以便隱藏。

看著織片正面鉤織的段

織線由內往外掛在鉤針上

看著織片背面鉤織的段

織線由外往內掛在鉤針上

10 　將織片翻面，以A色線鉤織第3段。

※接下一頁。

11 織完第3段後，同步驟1～2的方式，擴大掛在鉤針上的線圈，再將毛線球穿過線圈。

12 拉動穿過的線球側織線，收緊線圈。

13 A色線暫休針。鉤針穿入第3段立起針的第3針鎖針中，引出B色線。

14 引出B色線。此時請適度拉緊織線，不可讓渡線太緊或過於鬆弛。

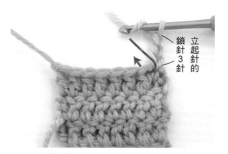

15 鉤織立起針的鎖針3針，繼續以長針鉤織第4段。

16 第4段終點的長針要進行最後的引拔時，針尖改掛先前休針的A色線。此時要先將B色線由外往內掛在鉤針上。

17 引拔完成長針的模樣。以相同方式，每織完1段就更換色線繼續鉤織。

每2段在邊端配色換線的方法

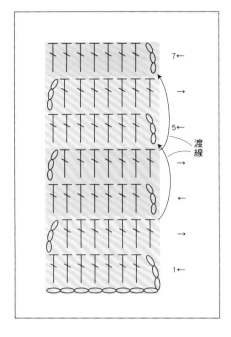

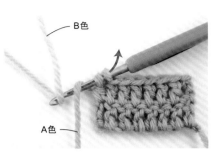

1 以A色線鉤織第1・2段，第2段終點的長針要進行最後的引拔時，針尖改掛B色線引拔。此時要先將A色線由外往內掛在鉤針上。

2 引拔完成長針的模樣。A色線暫休針。

3 織片翻回正面，鉤織立起針的鎖針3針，以B色線繼續鉤織第3段。

4 第4段同樣以B色線鉤織，終點的長針要進行最後的引拔時，針尖改掛先前休針的A色線。此時要先將B色線由外往內掛在鉤針上。

5 引拔完成長針的模樣。此時請適度拉緊織線，不可讓渡線太緊或過於鬆弛。B色線暫休針。

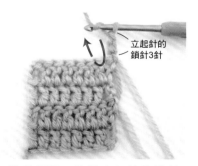

6 織片翻面，鉤織立起針的鎖針3針，以A色線鉤織第5段・第6段。

7 鉤至第7段的模樣。在織片的邊端渡線。以相同方式，每織完2段就更換色線繼續鉤織。

● 輪編

鉤織成圓形

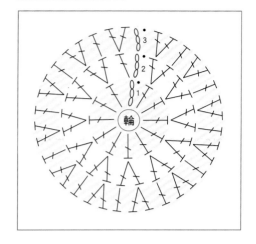

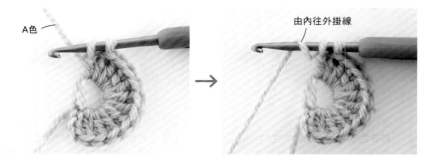

1 以A色線鉤織第1段，在終點的長針要進行最後的引拔時，將A色線由內往外掛在鉤針上。

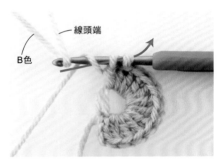

2 針尖改掛B色線，如圖示一次引拔所有線圈。

3 收緊起針的線圈。（參照P.35步驟6〜7。）

4 鉤針穿入立起針的第3針鎖針中。A色線不剪線，暫休針。

5 鉤針掛B色線，依箭頭指示鉤織引拔針接合。

6 第1段完成。接著以B色線繼續鉤織第2段。

7 鉤織至第2段終點的長針要進行最後的引拔時。

由內往外掛線

8　將B色線由內往外掛在鉤針上，A色線從B色線的外側掛在針尖上，如圖示一次引拔所有線圈。B色線不剪線，暫休針。

9　引拔完成第2段終點的長針。鉤針穿入第2段立起針的第3針鎖針中，掛A色線，依箭頭指示鉤織引拔針接合。

10　第2段完成。接著以A色線繼續鉤織第3段。

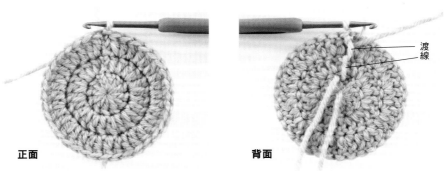

正面　　　　　　　　　　背面

渡線

11　以相同方式，每織完1段就更換色線繼續鉤織。在織片背面縱向渡線。

鉤織成圓筒狀

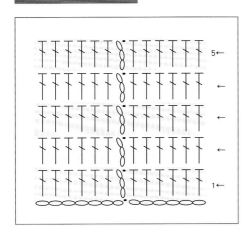

正面　　　　　　　　　　背面

渡線

鉤織成圓筒狀時，配色換線的技巧和織成圓形時相同，都是在織段終點的長針要進行最後的引拔時，改掛下一個顏色鉤織。在織片的背面縱向渡線。

織入圖案的配色換線

使用配色線在織片上製作出直條紋及花樣圖案的技巧。
分別有包裹織線編織，以及在織片背面渡線的方法。

● 包裹織線編織

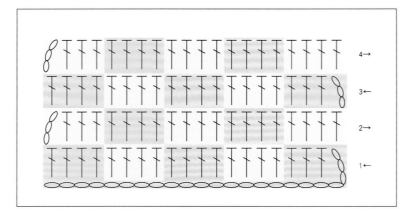

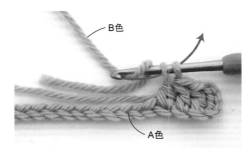

1 使用A色線起針，編至第1段的中途。在改換B色的前1針要進行最後的引拔時，掛B色線引拔，完成針目。

2 鉤針掛線，依箭頭指示穿入針目。

3 以一併包裹B色線頭和A色線的方式，使用B色鉤織長針。

4 完成1針長針。以相同方式，一邊包裹編織B色線頭與A色線，一邊以B色鉤織長針。

5 在改換A色的前1針要進行最後的引拔時，掛A色線引拔，完成針目。此時請適度拉緊織線，不可讓針目中的A色橫向渡線太緊或過於鬆弛。

6 一邊包裹編織B色線，一邊以A色鉤織長針。

7 參照織圖，一邊鉤織一邊更換A色與B色線。第1段終點的針目要進行最後的引拔時，改掛B色線引拔，完成針目。此時要先將A色線由內往外掛在鉤針上。

8 第1段完成。

9 鉤織第2段。將織片翻至背面，以B色鉤織立起針的鎖針3針。

10 鉤針掛線，依箭頭指示挑針，連同A色線一併包裹，以B色鉤織長針。

11 在改換A色的前1針要進行最後的引拔時，掛A色線引拔，完成針目。

12 鉤針掛線，依箭頭指示挑針，連同B色線一併包裹，以A色鉤織長針。

13 參照織圖，一邊鉤織一邊更換A色與B色線。第2段終點的針目要進行最後的引拔時，改掛A色線引拔，完成針目。此時要先將B色線由外往內掛在鉤針上。

14 第2段完成。

15 以鉤織第1·2段的相同方式，繼續編織。

● 在織片背面橫向渡線

進行織入圖案的織段,以底色線鉤織時,將配色線置於織片背面渡線;以配色線鉤織時,則是將底色線置於織片背面渡線。
織片背面的渡線不可太緊或過於鬆弛,請一邊適度地掌控力道一邊鉤織。

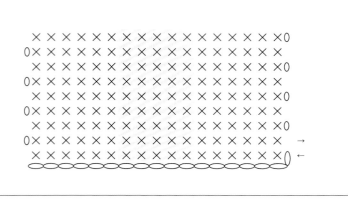

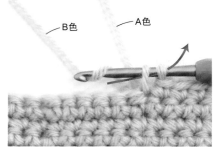

看著織片正面鉤織的段

1 在改換B色的前1針要進行最後的引拔時,掛B色線引拔,完成針目。

2 接著以B色線繼續鉤織。A色不剪線,直接置於織片的外側暫休針。

3 在改換A色的前1針要進行最後的引拔時,掛A色線引拔。此時請適度拉緊織線,避免織片背面的橫向渡線太緊或過於鬆弛。

4 以A色線繼續鉤織。B色不剪線,直接置於織片的外側暫休針。

看著織片背面鉤織的段

1 在改換B色的前1針要進行最後的引拔時,先將A色線置於織片的內側暫休針,再於針尖掛B色線引拔,完成針目。

2 接著以B色線繼續鉤織。

3 在改換A色的前1針要進行最後的引拔時,掛A色線引拔。此時請適度拉緊織線,避免織片內側的橫向渡線太緊或過於鬆弛。

正面

背面

4 接著以A色線繼續鉤織。B色不剪線，直接置於織片的內側暫休針。

5 參照織圖，以相同方式一邊更換色線一邊鉤織。在織片的背面橫向渡線。

● 在織片背面縱向渡線

直接在底色線與配色線的交界處換色鉤織，既不會讓線團交纏，也不必在背面渡線的編織方法。
適合用於鉤織縱向條紋花樣或大型圖案。建議按照一段之中的換線次數，準備相對數量的編織用線球。

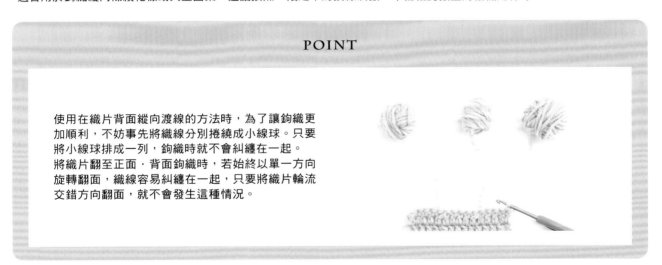

POINT

使用在織片背面縱向渡線的方法時，為了讓鉤織更加順利，不妨事先將織線分別捲繞成小線球。只要將小線球排成一列，鉤織時就不會糾纏在一起。
將織片翻至正面，背面鉤織時，若始終以單一方向旋轉翻面，織線容易糾纏在一起，只要將織片輪流交錯方向翻面，就不會發生這種情況。

短針時

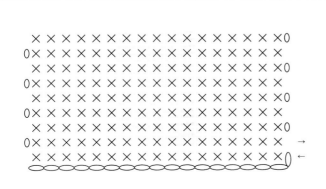

看著織片正面鉤織的段

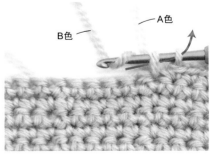

1 在改換B色的前1針要進行最後的引拔時，掛B色線引拔，完成針目。

2 接著以B色線繼續鉤織。A色不剪線，直接置於織片的外側暫休針。

3 在改換A色的前1針要進行最後的引拔時，掛A色線引拔，完成針目。

4 接著以A色線繼續鉤織。B色不剪線，直接置於織片的外側暫休針。

看著織片背面鉤織的段

1 在改換B色的前1針要進行最後的引拔時，先將A色線置於織片的內側暫休針，再於針尖掛B色線引拔，完成針目。

2 接著以B色線繼續鉤織。

3 在改換A色的前1針要進行最後的引拔時，先將B色線置於織片的內側暫休針，再於針尖掛A色線引拔，完成針目。

正面

背面

4 接著以A色線繼續鉤織。

5 參照織圖，以相同方式一邊更換色線一邊鉤織。在織片的背面縱向渡線。

長針時

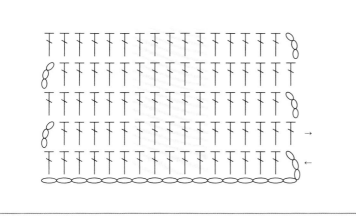

看著織片正面鉤織的段

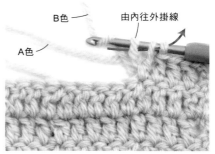

1 在改換B色的前1針要進行最後的引拔時，先將A色線由內往外掛在鉤針上，針尖改掛B色線引拔。

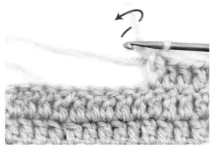

2 引拔完成針目。鉤針掛B色線。A色不剪線，直接置於織片的外側暫休針（請注意避免織線過於鬆弛）。

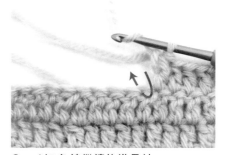

3 以B色線繼續鉤織長針。

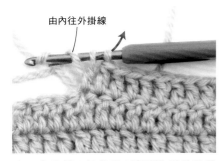

4 在改換A色的前1針要進行最後的引拔時，先將B色線由內往外掛在鉤針上，針尖改掛A色線引拔。

5 引拔完成針目。鉤針掛A色線。B色不剪線，直接置於織片的外側暫休針（請注意避免織線過於鬆弛）。

6 以A色線繼續鉤織長針。

看著織片背面鉤織的段

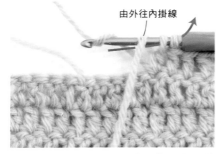

由外往內掛線

1 在改換B色的前1針要進行最後的引拔時，先將A色線由外往內掛在鉤針上，針尖改掛B色線引拔。

2 引拔完成針目。鉤針掛B色線。A色不剪線，直接置於織片的內側暫休針（請注意避免織線過於鬆弛）。

3 以B色線繼續鉤織長針。

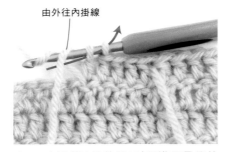

由外往內掛線

4 在改換A色的前1針要進行最後的引拔時，先將B色線由外往內掛在鉤針上，針尖改掛A色線引拔。

5 引拔完成針目。鉤針掛A色線。B色不剪線，直接置於織片的內側暫休針（請注意避免織線過於鬆弛）。

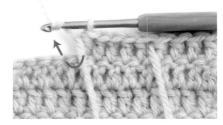

6 以A色線繼續鉤織長針。

正面   **背面**

7 參照織圖，以相同方式一邊更換色線一邊鉤織。在織片的背面縱向渡線。

在織段上挑針的方法

鉤織緣編等情況時，經常需要在織片側邊的段上挑針。
由於成品會依據挑針方法呈現不同樣貌，請漂亮地進行挑針吧！

● 在長針織片挑針

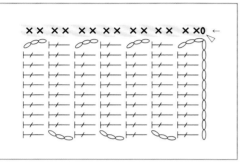

1　鉤針穿入織片邊端。

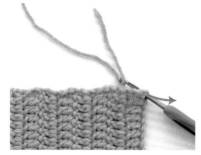

2　鉤針掛線，引出織線。

3　鉤針掛線，依箭頭指示引拔，收緊並固定織線。

4　鉤織立起針的鎖針1針，鉤針依箭頭指示，穿入邊端第1針與第2針之間。

5　包裹邊端1針，鉤織短針。

6　依照步驟4～5的相同作法，包裹邊端1針，鉤織短針。

7　挑針完成1段的模樣。

● 在短針織片挑針

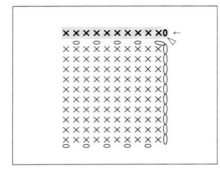

1　鉤針穿入織片邊端。

2　鉤針掛線，引出織線。

3　鉤針掛線，依箭頭指示引拔，收緊並固定織線。

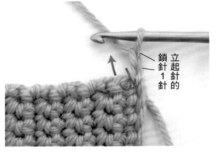

4　鉤織立起針的鎖針1針，鉤針依箭頭指示，穿入邊端針目中。

5　鉤織短針。

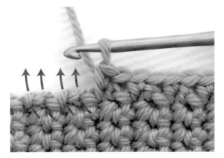

6　依照步驟4～5的相同作法，鉤針穿入邊端針目中，鉤織短針。

7　挑針完成1段的模樣。

● 在方眼編織片挑針

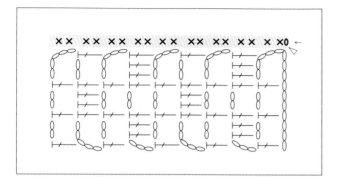

1 技巧與「在長針織片挑針」（P.63）
相同，在邊端針目上挑束鉤織。

2 鉤織短針。

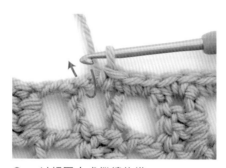

3 以相同方式繼續鉤織。

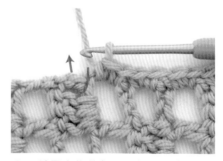

4 針目密集的部分同樣按照步驟
1～**2**的方式，挑束鉤織短針。

5 以相同方式繼續鉤織。

6 挑針完成1段的模樣。

● 在網狀編織片挑針

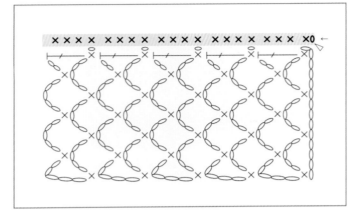

1 技巧與「在長針織片挑針」（P.63）相同，在邊端針目上挑束，鉤織短針。

2 以相同方式繼續鉤織。

3 在針目上挑針鉤織短針時，是將鉤針穿入邊端針目中（P.64）。

4 鉤織短針。

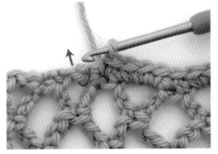

5 網狀部分則是在邊端針目上挑束，鉤織短針。

6 挑針完成1段的模樣。

● 在斜線上挑針

在V領領口等斜線上挑針時，為了避免造成空隙，因此是穿入織片邊端針目中進行挑針。

鉤針穿入織片邊端的針目中，鉤織短針。

● 在弧線上挑針

與在斜線上挑針的情況相同，為了避免造成空隙，同樣是穿入織片邊端針目中進行挑針。

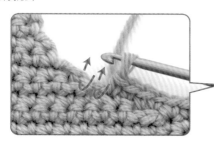

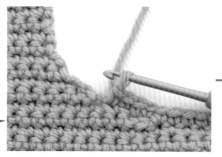

鉤針穿入織片邊端的針目中，鉤織短針。

挑針處的弧形並非圓滑曲線的情況

挑針處的弧形並非漂亮圓滑的曲線時，可先使用同色線鉤織引拔針，調整曲線後再行挑針。

※為了更加清晰易懂，挑針部分改以不同色線示範。

1 如圖示沿織片邊端鉤織引拔針。

2 將引拔針鉤織成圓滑漂亮的曲線。

3 在步驟1～2鉤織完成的引拔針上挑針。

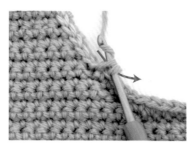

4 鉤織短針。

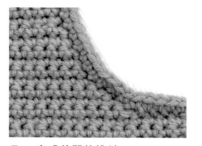

5 完成美觀的挑針。

● 在線繩上挑針　　※繩編織法請參照P.96。

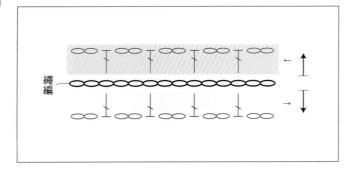

1 依箭頭指示，挑線繩上方的鎖針2條線，鉤織長針。

2 完成長針。

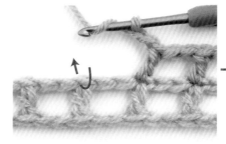

3 在線繩的另一側挑針時，鉤針依箭頭指示穿入，鉤織長針。

● 在鑲邊飾帶上挑針

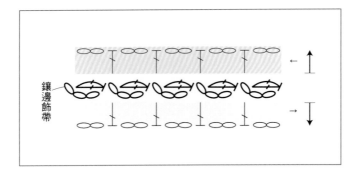

1 鉤針依箭頭指示穿入鑲邊飾帶，鉤織長針。

2 完成長針。

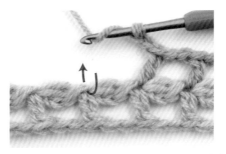

3 在鑲邊飾帶的另一側挑針時，鉤針穿入步驟**1**的同一處，鉤織長針。

第4章　織品加工修飾

織片完成後，還需要進行後續的加工修飾。

本章節將為讀者們介紹，可大幅提升作品精緻度的修飾技巧。

經過細部處理完成的織品會展現截然不同的樣貌。

是非常值得牢記學習的重點。

收針 & 藏線

織片完成後的收針，是將起針處及收針處的線頭，以毛線針進行藏線的作業。
將線頭穿入織片背面隱藏其中，漂亮地完成收尾工作吧！

● 往復編

收針處的針目固定方法

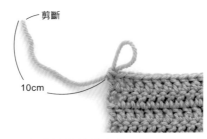

1 完成最終針目之後，將線圈擴大再取下鉤針，線頭約預留10cm後剪斷。

2 線頭如圖示，穿入取下鉤針的線圈中。

3 拉動線頭，收緊線圈固定。

毛線針的穿線訣竅

織線是使用好幾股紗線撚合而成，若是從線頭端直接穿針，很容易因織線分岔而失敗。
使用以下介紹的方法，就能夠順利地穿針引線。

1 如圖示以對摺的織線夾住毛線針，手指捏緊織線對摺處，再依箭頭指示抽出毛線針。

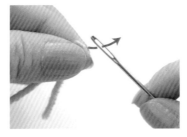

2 手指依然捏緊對摺處的摺山，依箭頭指示穿入毛線針的針孔。

3 穿過針孔的模樣。以摺山穿過針孔，織線就不容易分岔，可以順利穿針。

藏線方法

在織片邊端藏線時

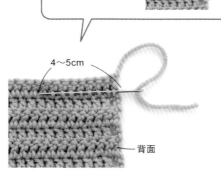

※若是背面也想展
現的織品，不妨
沿著織片的邊端
針目挑針藏線。

背面

4～5cm

毛線針

1 將線頭穿入毛線針。

4～5cm

背面

2 如圖示在織片背面一一挑開針目
織線，穿入大約4～5cm。

3 取下毛線針，貼近織片表面剪去
外露的餘線。起針處的線頭也以
相同方式藏線。

在織片中間藏線時

背面

1 線頭穿至織片背面，輕輕打結。

2 線頭穿入毛線針，在織片背面
一一挑開針目織線，穿入大約4～
5cm。

3 取下毛線針，貼近織片表面剪去
外露的餘線。另一條線頭也以相
同方式藏線。

● 輪編

收針處的針目固定方法

以引拔針收針時

引拔針

1 完成最終針目之後，鉤針穿入織
段最初的針目中，鉤織引拔針。

2 線頭約預留10cm後剪斷，穿入取
下鉤針的線圈中。

3 拉動線頭，收緊線圈固定。

以鎖針接縫收針時　　輪編的收針，若是不使用引拔針，而是改以「鎖針接縫」來處理，可以將收針處修飾得更加自然美觀。

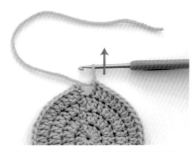

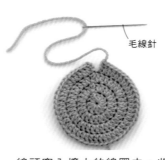

毛線針

1 織好最後一針，依箭頭指示將線圈擴大再取下鉤針，線頭約預留10cm後剪斷。

2 線頭穿入擴大的線圈中，收緊固定後，穿入毛線針。

3 毛線針依箭頭指示，挑縫織段第1針長針的針頭2條線。

鎖針接縫

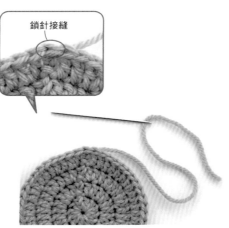

4 接著，縫針如圖示，穿回最後一針的針頭中央，在織片背面穿出。

5 拉線收緊針目，調整至與其他針頭大小相同為止。

6 完成鎖針接縫。步驟**3～5**挑縫的織線，外觀如同一般的鎖狀針頭。

藏線方法

背面

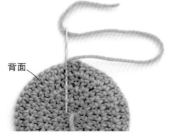

1 線頭穿入毛線針中，在織片背面一一挑開針目織線，穿入大約4～5cm。

2 取下毛線針，貼近織片表面剪去外露的餘線。起針處的線頭也以相同方式藏線。

● 縮口束緊

在最終段針目的針頭中穿入織線，再縮口束緊，織片就會收束成圓形。
鉤織帽子或毛線玩偶等織品時，經常使用的作法。

收針處的針目固定方法

※為了更加清晰易懂，穿線部分改以不同色線示範。

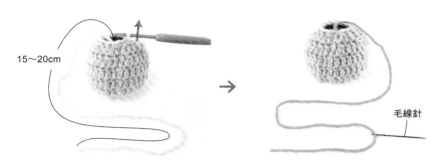

1 完成最終針目後，線頭約預留15～20cm後剪斷。依箭頭指示，將線圈擴大再取下鉤針，線頭穿過線圈拉緊，再穿入毛線針中。※線頭長度請依穿線織片的長短來調整。

2 依箭頭指示，由內往外挑最終段針頭的1條線。

3 以相同方式挑縫所有針目。

4 所有針目穿線後，拉線將織片縮口束緊。

5 縮口束緊至最後的模樣。

藏線方法

內部填塞棉花或零碎線段時

1 毛線針穿入縮口針目的中心，針尖從適當的位置出針，拉出毛線針，引出織線。

2 貼近織片表面剪去外露的餘線，輕輕搓揉織品，使線頭藏進內部。

織片將翻面使用時

背面

在織片背面一一挑開針目織線，穿入大約4～5cm，取下毛線針，貼近織片表面剪去外露的餘線。

整燙定型

鉤織完成後，只要使用蒸汽熨斗整燙，就可以將針目整理得更加平整美觀。

※使用熨斗整燙前，務必先行確認線材標籤上的整燙指示。

1　準備蒸氣熨斗與燙墊。

U形針

無U形針時，亦可使用珠針代替。

若直接以熨斗接觸織片，容易壓扁針目，破壞針織作品的質感，請務必注意！

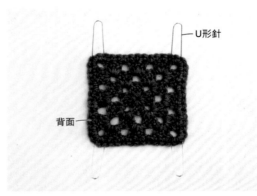

U形針

背面

2　將完成的織片背面朝上，置於燙墊上。調整織片形狀，以U形針固定於燙墊上，整燙後的成品會更加漂亮。

3　熨斗浮空約3cm，不直接接觸織片，僅以蒸汽進行全面整燙。整燙後靜置片刻，待織片冷卻定型後再取下固定針。

整燙前

整燙後

以熨斗整燙前，織片翹曲不平，整燙過後就顯得平整漂亮。

毛衣織品的整燙

整燙前   整燙後

在接縫之前,先將各織片翻至背面,以熨斗蒸汽確實整燙平整。不僅更易於挑針縫合的進行,完成的作品也更加精緻,因此建議仔細地整燙。

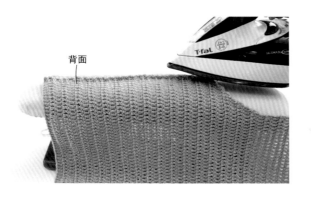

背面

完成接縫後,再次進行定型整燙。接縫部分透過在背面的蒸汽熨燙,會讓縫份更加穩固定型。

由於服裝織品多為立體剪裁,善用燙袖板等輔助工具,可以讓接縫部分的細部整燙更加順利。

燙袖板

圓形作品(花樣織片等)的整燙

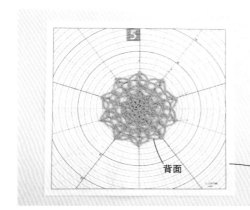

背面

蕾絲定型版

進行圓形織品的定型整燙時,利用印刷了引導線的蕾絲定型版會更加方便。

將定型版置於燙墊上,再將完成的織片背面朝上平放。一邊沿著引導線整理織片形狀,一邊以U形針或珠針固定,再以蒸汽整燙定型。

併縫

接合兩織片針目與針目的縫法稱為「併縫」。
請配合鉤織作品選擇適合的併縫方式吧！

● 引拔併縫　使用鉤針挑相對的兩針頭，鉤織引拔針。

正面相對疊合且各挑針頭的2條線

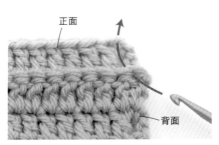

1　兩織片正面相對疊合，對齊後鉤針依箭頭指示，穿入邊端2針目的針頭中。

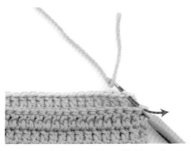

2　鉤針掛併縫線，依箭頭指示一次引拔2針目。

3　引拔完成。鉤針依箭頭指示穿入，各挑針頭2條線。

4　鉤針掛線，一次引拔所有線圈。

5　引拔完成的模樣。下一針同樣是將鉤針穿入相對的2針目，鉤織引拔針。

6　重複進行相同作法。

7　完成引拔併縫至最終針目的模樣。

8　從織片正面觀看併縫處的模樣。

● 短針併縫　　使用鉤針挑相對的兩針頭，鉤織短針。併縫部分呈立體狀凸起。

背面相對疊合且各挑針頭的2條線

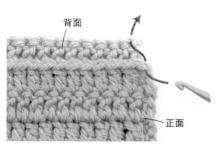

1　兩織片背面相對疊合，對齊後鉤針依箭頭指示，穿入邊端2針目的針頭中。

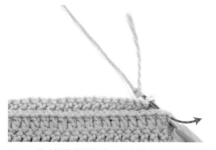

2　鉤針掛併縫線，依箭頭指示引出織線。

3　鉤織立起針的鎖針1針。

4　鉤針依箭頭指示穿入，分別挑針頭的2條線。

5　鉤針掛線，依箭頭指示引出織線。

6　鉤織短針。

7　短針完成的模樣。下一針同樣是將鉤針穿入相對的2針目。

8　鉤針掛線，鉤織短針。

9　重複進行相同作法。

10　完成短針併縫至最終針目的模樣。

11　從織片正面觀看併縫處的模樣，併縫部分呈立體狀凸起。

● 捲針併縫　　使用毛線針挑相對的針頭2條線或1條線，進行捲針縫。

全針目的捲針併縫（正面相對疊合且各挑針頭的2條線）

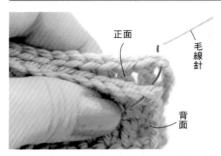

正面　　　　　毛線針

背面

1　兩織片正面相對疊合，毛線針穿入織線後，依箭頭指示穿入邊端2針目的針頭中。

2　毛線針依箭頭指示穿入，分別挑針頭的2條線。

3　下一針同樣是將毛線針穿入相對的2針目，一邊適當拉緊織線。

4　重複進行相同作法。

5　毛線針依箭頭指示再次穿入最終針目。

6　併縫至最終針目的模樣。

7　從織片正面觀看併縫處的模樣。

半針目的捲針併縫（正面相對疊合且各挑針頭的1條線）

正面
毛線針
背面

1 兩織片正面相對疊合，毛線針穿入織線後，依箭頭指示穿入邊端2針目的針頭中。

2 毛線針依箭頭指示穿入，分別只挑針頭的1條線。

3 下一針同樣是將毛線針穿入相對的2針目，一邊適當拉緊織線。

4 重複進行相同作法。

5 毛線針依箭頭指示再次穿入最終針目。

6 併縫至最終針目的模樣。

7 從織片正面觀看併縫處的模樣。外觀看似與P.78「全針目的捲針併縫」相同，但因為僅挑縫針頭的1條線，所以完成的併縫處會比較薄。

半針目的捲針併縫（背面相對疊合且各挑針頭的1條線）

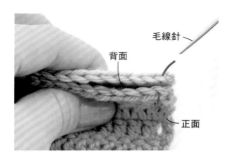

毛線針
背面
正面

1 兩織片背面相對疊合，毛線針穿入織線後，依箭頭指示穿入邊端2針目的針頭中。

2 毛線針依箭頭指示穿入，分別只挑針頭的1條線。

3 下一針同樣是將毛線針穿入相對的2針目，一邊適當拉緊織線。

4 重複進行相同作法。

5 毛線針依箭頭指示再次穿入最終針目。

6 併縫至最終針目的模樣。

7 從織片正面觀看併縫處的模樣。餘下的針頭1條線會在兩側形成浮凸的筋狀。

● 鎖針與引拔針的併縫

正面相對疊合挑束鉤織

網狀編或方眼編等鏤空織片的接合，是一邊織入鎖針一邊鉤引拔針接縫固定。鎖針的針數則是配合織片隨之調整。

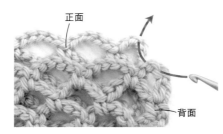
正面
背面

1 兩織片正面相對疊合，對齊後鉤針依箭頭指示穿入邊端針目。

2 鉤針掛線引出。

3 鉤針掛線引拔。

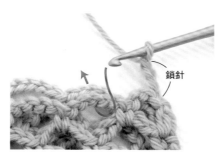
鎖針

4 接續鉤織鎖針，鉤針依箭頭指示穿入織片，挑束。

5 鉤針掛線，依箭頭指示引拔。

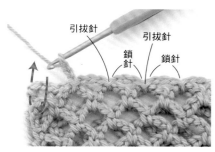
引拔針　引拔針
鎖針　鎖針

6 重複鉤織鎖針與引拔針，最後鉤針依箭頭指示穿入針目中，鉤織引拔針。

7 併縫至最終針目的模樣。

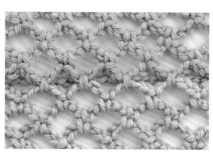

8 從織片正面觀看併縫處的模樣。

● 鎖針與短針的併縫

正面相對疊合挑束鉤織

同「鎖針與引拔針併縫」，重複鉤織鎖針與短針，接縫固定織片。

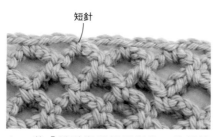
短針

1 將「鎖針與引拔針併縫」的引拔針，改成鉤織短針來固定。

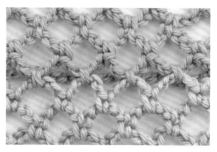

2 從織片正面觀看併縫處的模樣。

綴縫

使用鉤針或毛線針,接合兩織片段與段的縫法稱為「綴縫」。
以下將介紹一般常用的綴縫方法。
請依織片類型,分別選擇適合的接縫方式吧!

● 引拔綴縫

使用鉤針挑織片的邊端針目,鉤織引拔針。

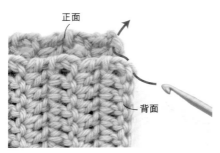

1 兩織片正面相對疊合,對齊後鉤針依箭頭指示,穿入邊端針目中。

2 鉤針掛線引出。

3 鉤針依箭頭指示,分別穿入相對的2邊端針目中。

4 鉤針掛線,一次引拔所有線圈。

5 引拔完成的模樣。接下來同樣是將鉤針穿入相對的邊端針目中,鉤織引拔針。

6 重複進行相同作法。

7 完成引拔綴縫的模樣。

8 從織片正面觀看綴縫處的模樣。

● 鎖針與引拔針的綴縫

將鉤針穿入段與段之間的交界處,鉤織引拔針接合固定,並且鉤織鎖針直到下一個織段的交界處為止。
鎖針的針數則是配合織片進行調整。

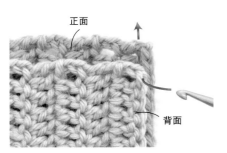

1 兩織片正面相對疊合,對齊後鉤針依箭頭指示穿入邊端針目中。

2 鉤針掛線引出。

3 鉤針掛線引拔。

4 鉤織鎖針。

5 鉤針依箭頭指示,穿入段與段的交界處。

6 鉤針掛線,一次引拔所有線圈。

7 接續鉤織鎖針。

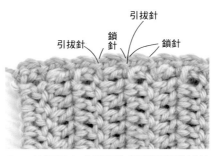

8 以相同方式重複鉤織鎖針與引拔針。

9 從織片正面觀看綴縫處的模樣。

● 鎖針與短針的綴縫

將鉤針穿入段與段之間的交界處，鉤織短針接合固定，並且鉤織鎖針直到下一個織段的交界處為止。
鎖針的針數則是配合織片進行調整。

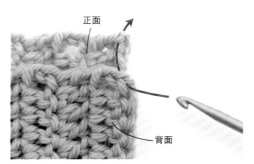

1 兩織片正面相對疊合，對齊後鉤針依箭頭指示穿入邊端針目中。

2 鉤針掛線引出。

3 鉤針掛線引拔。

4 鉤織立起針的鎖針1針。

5 鉤針穿入同步驟**1**的位置。

6 鉤針掛線引出。

7 鉤針掛線引拔，鉤織短針。

8 短針完成的模樣。接續鉤織鎖針。

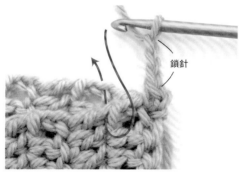

9 鉤針依箭頭指示，穿入段與段的交界處。

10 鉤織短針。

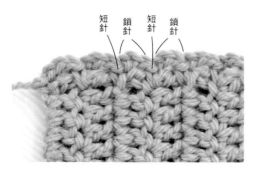

11 以相同方式重複鉤織鎖針與短針。

12 從織片正面觀看綴縫處的模樣。

● 挑針綴縫　　將織片並排對齊後，使用毛線針分別挑縫邊端針目接合。

短針時

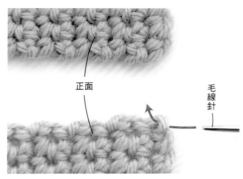

正面　　　　毛線針

1　看著兩織片正面進行綴縫。毛線針穿入織線後，依箭頭指示挑縫邊端針目。

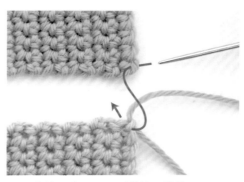

2　依箭頭指示，分別挑縫兩織片。

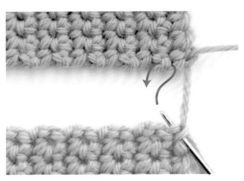

3　重複進行相同作法。交互挑縫織段交界處及針目背面。

4　重複進行相同作法。

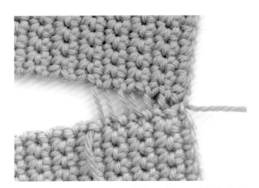

5　綴縫途中的模樣（實際上是一邊挑針綴縫，一邊輕拉縫線至幾乎看不見的程度）。

6　從織片正面觀看綴縫處的模樣。

長針時

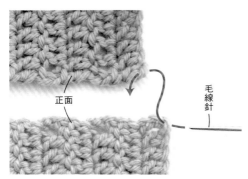

1 看著兩織片正面進行綴縫。毛線針穿入織線後，依箭頭指示挑縫邊端針目。

2 依箭頭指示，分別挑縫兩織片。

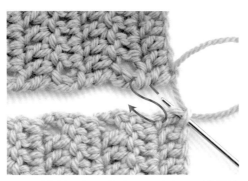

3 重複進行相同作法。長針時一旦挑錯位置，錯開的織段會很明顯。因此務必挑縫織段的交界處，對齊段高。

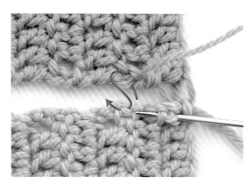

4 重複進行相同作法。

5 綴縫途中的模樣（實際上是一邊挑針綴縫，一邊輕拉縫線至幾乎看不見的程度）。

6 從織片正面觀看綴縫處的模樣。

花樣織片的拼接方法

花樣織片不僅單片就能使用，還可以透過拼接複數織片的方式來擴展作品尺寸。
拼接方法有「一邊鉤織一邊在最終段接合」
與「完成花樣織片再接合」兩種。
請依據花樣織片的形狀或織片類型，分別選擇適合的拼接方式吧！

● 一邊鉤織一邊在最終段接合

以引拔針拼接的方法

1 完成第1片花樣織片。

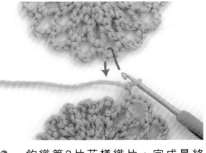

2 鉤織第2片花樣織片，完成最終段拼接位置的前1針後，鉤針依箭頭指示，從第1片花樣織片的正面穿入。

3 鉤針掛線，挑束鉤織引拔針。

4 花樣織片的1處完成接合。

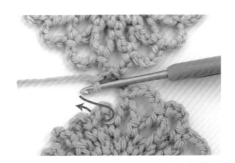

5 接續鉤織2針鎖針，繼續鉤織花樣織片。

6 以相同方式接合另1處，繼續鉤織最終段直到完成織片。

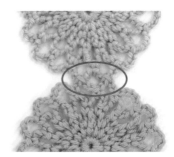

7 完成第2片花樣織片的拼接。

以引拔針拼接的方法（一度取下鉤針）

一度取下鉤針，與不取下鉤針直接接合的織法（P.88），拼接處的重疊方式會使外觀有些許差異。

1 完成第1片花樣織片。

2 鉤織第2片花樣織片，完成最終段拼接位置的前1針後，暫時取下鉤針，再依箭頭指示，從第1片花樣織片的正面穿入。

3 鉤針重新穿回原本的線圈中，依箭頭指示引出針目。

4 鉤針掛線，依箭頭指示引拔。

5 花樣織片的1處完成接合。

6 接續鉤織2針鎖針，繼續鉤織花樣織片。

7 繼續進行花樣織片的最終段。

8 以相同方式接合另1處，繼續鉤織最終段直到完成織片。

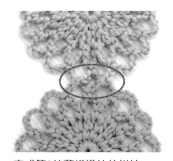

9 完成第2片花樣織片的拼接。

以短針拼接的方法

1 完成第1片花樣織片。

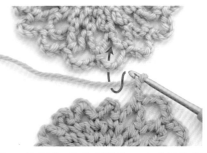

2 鉤織第2片花樣織片,完成最終段拼接位置的前1針後,鉤針依箭頭指示,從第1片花樣織片的背面穿入。此時鉤針是從織線下方穿過。

3 鉤針掛線,依箭頭指示引出織線。

4 鉤針掛線,依箭頭指示引拔,完成短針。

5 織片的1處完成接合。

6 繼續鉤織花樣織片。

7 以相同方式接合另1處,繼續鉤織最終段直到完成織片。

8 完成第2片花樣織片的拼接。

以針頭拼接的方法

1 完成第1片花樣織片。

2 鉤織第2片花樣織片，鉤至最終段拼接位置時，暫時取下鉤針，再依箭頭指示，從正面穿入第1片花樣織片接合處的針頭。

3 鉤針重新穿回原本的線圈中，依箭頭指示引出針目。

4 引出針目的模樣。完成花樣織片的接合。

5 繼續鉤織花樣織片。鉤針掛線，如圖示挑束鉤織1針長針。

6 織完長針的模樣。繼續鉤織完成花樣織片的最終段。

7 第2片花樣織片鉤織完成。

以長針針頭拼接的方法

1 完成第1片花樣織片。

2 鉤織第2片花樣織片,鉤至最終段拼接位置時,鉤針依箭頭指示,從正面穿入第1片花樣織片的長針,挑針頭2條線。

3 鉤針掛線,依箭頭指示,穿入第2片花樣織片挑束。

4 鉤針再次掛線,依箭頭指示引出織線。

5 鉤針掛線,依箭頭指示引拔前2個線圈。

6 鉤針掛線,依箭頭指示引拔所有線圈。

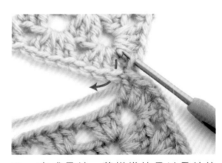

7 完成長針。花樣織片是以長針的針頭彼此接合。鉤針以相同方式穿入下一針。

8 鉤針掛線,挑束鉤織長針。

9 以相同方式鉤織接合,繼續完成花樣織片的最終段。

10 完成第2片花樣織片的拼接。

● 完成花樣織片再接合

捲針併縫

全針目的捲針併縫
（參照P.78）

1 毛線針穿入織線，依箭頭指示分別穿入
邊端2針目，皆挑針頭2條線縫合。

2 從正面觀看併縫處的模樣。因為是挑
縫2條線，所以併縫處紮實又穩固。

半針目的捲針併縫
（參照P.80）

1 毛線針穿入織線，依箭頭指示分別穿入
邊端2針目，皆挑針頭1條線縫合。

2 從正面觀看併縫處的模樣。餘下的針
頭1條線在兩側形成浮凸的筋狀。

引拔併縫

（參照P.76）

1 兩織片背面相對疊合，鉤針依箭頭指示
穿入相對的2針目，分別挑針頭2條線鉤
織引拔針。

2 從正面觀看併縫處的模樣。併縫處呈
凸起狀，形成有如飾邊的模樣。

短針併縫

（參照P.77）

1 兩織片背面相對疊合，鉤針依箭頭指示
穿入相對的2針目，分別挑針頭2條線鉤
織短針。

2 從正面觀看併縫處的模樣。併縫處呈
凸起狀，形成有如粗版飾邊的模樣。

釦眼織法 & 鈕釦縫法

● **釦眼織法**　釦眼的作法可分成鉤織時一邊製作，與完成織片再作出釦眼兩種方式。

在短針織片上開釦眼

※為了更加清晰易懂，改以不同色線示範。

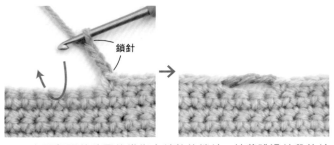

1　在開釦眼的位置鉤織指定針數的鎖針。接著跳過前段的針目，鉤針依箭頭指示穿入，鉤織短針。

2　下一段則是在步驟1的鎖針上挑束，鉤織短針。

3　完成1針短針。以相同方式鉤織指定針數的短針。

4　鉤針依箭頭指示穿入前段針目的針頭，繼續鉤織短針。

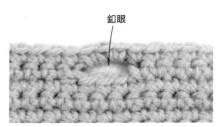

5　鎖針形成的孔洞即為釦眼。

以釦眼繡製作釦絆　※為了更加清晰易懂，改以不同色線示範。

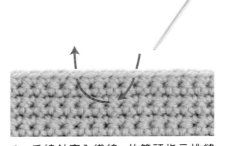

1　毛線針穿入織線，依箭頭指示挑縫釦絆兩端的針頭2條線。

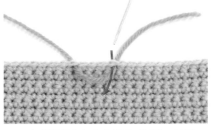

2　如圖示再次穿入最初的同一針目。

3　縫線在織片的內、外側形成線圈。此線圈即為釦絆的芯線。

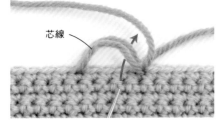

4　將2條芯線立起疊放，縫針依箭頭指示穿入（芯線長度請依鈕釦大小調整）。

5　依箭頭指示在針尖處掛線。

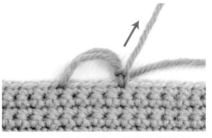

6　如圖示抽出縫針，輕輕束緊縫線。

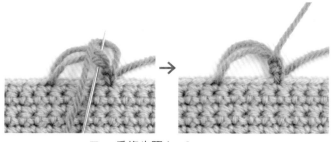

7 重複步驟4～6。

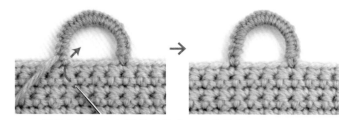

8 重複直到完全包覆芯線為止，最後依箭頭指示，將縫針穿入芯線處的同一針目中，在背面進行收針藏線。

● 鈕釦縫法

雖然大多是以織線來接縫鈕釦，但織線太粗時就使用「分股線」吧！
若是不夠強韌的織線，亦可使用「鈕釦縫線」或「釦眼線」。

※為了更加清晰易懂，使用與織片不同色的鈕釦縫線示範。

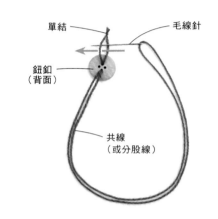

單結　　　　毛線針
鈕釦
（背面）
共線
（或分股線）

1 毛線針穿入共線（或分股線），線端打結並穿入鈕釦。

2 接縫於鈕釦位置。

3 在織片與鈕釦之間繞線（配合織片厚度調整繞線次數）。

釦腳　　　　高度同織片厚度

4 依織片厚度決定釦腳高度，縫針穿至織片背面打止縫結。

分股線　鬆開共線，保留適當粗細的股數，並抽去多餘線材，重新撚線即完成分股線。

重新撚線製作「分股線」
共線
抽出多餘股數

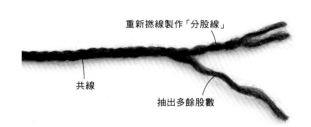

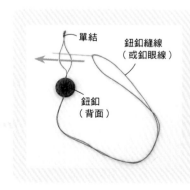

單結　　鈕釦縫線（或釦眼線）
鈕釦
（背面）

若是不夠強韌的織線，亦可使用「鈕釦縫線」或「釦眼線」。

線繩織法

● 引拔針線繩

1　鉤織必要針數的鎖針（請注意針目不可過於緊密）。

2　鉤針依箭頭指示穿入鎖針的裡山1條線。

3　鉤針掛線引拔。

4　完成引拔針。鉤針以相同方式穿入下一針，鉤織引拔針。

5　以相同方式在每個針目織入1針引拔針。

6　鉤至最後的針目為止。

● 繩編

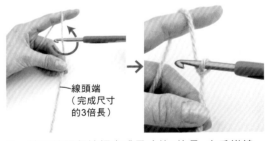

1　線頭端預留線繩完成尺寸的3倍長，左手掛線。鉤針置於織線外側，依箭頭指示旋轉1圈，在針上捲繞織線。

線頭端
（完成尺寸的3倍長）

2　鉤針掛線引出。

3　線頭端由內往外在鉤針上掛線。

4　鉤針依箭頭指示掛線。

5　一次引拔所有線圈。

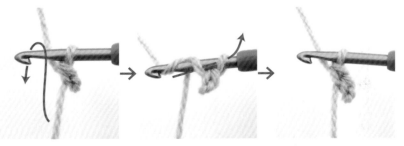

6　以相同方式重複步驟3～6，鉤織繩編。

7　最後將線頭從掛在鉤針上的線圈引出，進行收針藏線的作業。

● 蝦編

1 鉤針置於織線外側，依箭頭指示旋轉1圈，在針上捲繞織線。

2 鉤針掛線引出。

最初的輪

3 引出織線，「最初的輪」不可拉得太緊，要織得寬鬆些。

4 鉤織1針鎖針，鉤針依箭頭指示穿入最初的輪中，引出織線。

5 鉤針掛線，一起引拔。

6 引拔完成。這時才拉動線頭，收緊最初的輪。

7 右手鉤針不動，織片往箭頭指示方向旋轉。

8 鉤針依箭頭指示，如同挑2條線的穿入。

9 鉤針掛線引出。

10 鉤針掛線，一起引拔。

11 右手鉤針不動，織片往箭頭指示方向旋轉。

12 鉤針依箭頭指示，如同挑2條線的穿入。

13 鉤針掛線，一起引拔。

14 以相同方式重複步驟11～13，鉤織蝦編。

15 最後將線頭從掛在鉤針上的線圈引出，進行收針藏線的作業。

其他技巧

主要介紹用於作品裝飾或視覺焦點的技巧。

將這些作法視為鉤針編織技巧之一學習並牢記，會更加便利。

● 流蘇接法

※為了更加清晰易懂，使用與織片不同色的流蘇線進行示範。

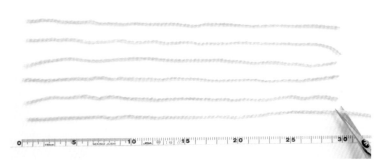 

1 依指定長度裁剪流蘇用線，準備必要數量的線段（1束流蘇的線段數×流蘇數量）。

2 剪好的流蘇線取1束用量，對齊後對摺。

3 鉤針從繫綁流蘇位置的針目背面穿向正面。

4 鉤針如圖鉤住流蘇束的對摺處，依箭頭指示往織片背面鉤出。

5 流蘇線束依箭頭指示穿入對摺的線圈。

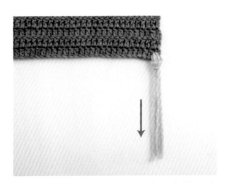  

指定長度

6 依箭頭指示下拉流蘇線，束緊固定。

7 完成1處流蘇的接合。

8 接合所有流蘇後，將線端依指定長度修剪整齊。

● 絨球作法

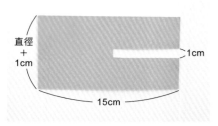

1 　將厚紙板裁成如圖示的形狀。

直徑 + 1cm

1cm

15cm

2 　在厚紙板的左側依指定次數繞線。

3 　完成指定次數繞線的樣子。剪線。

← 剪斷

※為了更加清晰易懂，原本繫綁中央的共線改以不同色線示範。

4 　將繞好的線圈移至厚紙板右側。

5 　取2條40～50cm的共線穿入厚紙板切口處，在線圈中央繞線2次，綁緊後打結2次。

6 　從厚紙板取下線圈。

若是不夠強韌的共線，可改換強韌的細棉繩等線材來繫綁。

7 　剪開線圈上下兩端的對摺處。

8 　依指定直徑修剪整齊，形成漂亮的圓球狀。修剪形狀時要避免剪到繫綁中央的共線。

9 　完成絨球。以繫綁中央的共線固定在帽頂等作品上。

絨球直徑

以2條線製作絨球

混合使用2色織線，同樣依指定次數在厚紙板上繞線，即可作出多色絨球。
（使用3色以上的作法也相同）

 →

● 穗飾作法

※為了更加清晰易懂，繫綁的共線改以不同色線示範。

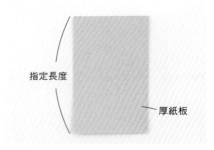

1 將厚紙板剪成指定的長度。

指定長度
厚紙板

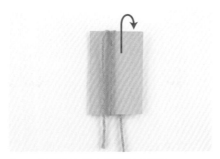

2 依指定次數在厚紙上繞線。

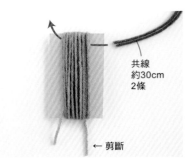

3 依指定次數繞線後剪線。取2條約30cm的共線，如圖示穿過線圈與厚紙之間，打結2次綁緊對摺處。

共線
約30cm
2條

← 剪斷

4 緊緊地打結2次固定。

5 從厚紙板取下線圈。

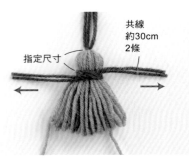

6 取2條約30cm的共線，依指定尺寸在上方繞線2～3次，綁緊後打結2次。

共線
約30cm
2條

指定尺寸

7 剪開線圈下方的對摺處。

8 包含步驟6繫綁的共線，依指定尺寸將線端修剪整齊。修剪時請避免剪到繫綁上側的共線。

指定尺寸

9 完成穗飾。以繫綁頂端的共線固定於織片等處。

第5章 鉤織作品

學會基本技巧後，開始試著鉤織應用作品吧！

透過實際鉤織作品的方式，可以更加熟練掌握鉤針編織的技巧。

本章介紹的都是運用基本技巧就能夠完成的鉤織作品。

請一邊參考前述章節中介紹的織法，與下一章刊載的針目記號，

親自動手鉤織看看吧！

1

a

b

c

織法
P.103

花朵織片胸針 & 髮圈

花瓣層層重疊而成的立體花朵織片，
只要少許織線就能鉤織完成，請務必動手嘗試看看。
無論是添加葉子，或試著改變花瓣的段數……
請依個人喜好隨意變化，享受箇中樂趣吧！

設計／Sachiyo＊Fukao
使用線材／Hamanaka Paume Lily《水果染》

P.102 1 花朵織片胸針＆髮圈

＊使用線材

Hamanaka Paume Lily《水果染》

a 杏桃（502）5g

　哈密瓜（504）2g

b 洋梨（501）3g

c 檸檬（503）5g

＊工具

鉤針　5/0

＊其他材料

a・b 胸針（25mm）各 1 個

c 髮圈

＊完成尺寸

a 長9cm　寬9.5cm

b 花樣織片長5.5cm　寬6cm

c 長6.5cm　寬7cm

＊織法

1. 進行手指繞線成環的輪狀起針，鉤織花朵織片。
2. a進行鎖針起針，鉤織葉子。
3. a的花朵織片接縫葉子後，再將胸針縫於花朵織片的背面。b是直接在花朵織片的背面縫上胸針，c則是縫上髮圈。

a・b・c 花朵織片的織圖
a 杏桃 b 洋梨 c 檸檬
5/0號鉤針

※
b
鉤至第6段。

※第3・5・7段的短針，是將前段倒向內側，
　鉤針在前前段的短針挑針鉤織（同前段短針
　挑針鉤織的同一針目）。

a 葉子織圖
（2片）
哈密瓜　5/0號鉤針

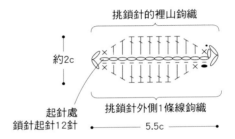

挑鎖針的裡山鉤織

約2c

起針處
鎖針起針12針

挑鎖針外側1條線鉤織

5.5c

※收針處的線端預留約30cm。

b 成品作法
背面

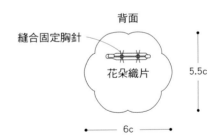

縫合固定胸針

花朵織片

5.5c

6c

a 成品作法

背面

縫合固定胸針

以葉子收針處的線段縫合固定

花朵織片

收針側

正面

將花朵織片的背面與葉子的正面縫合固定

葉子

9c

9.5c

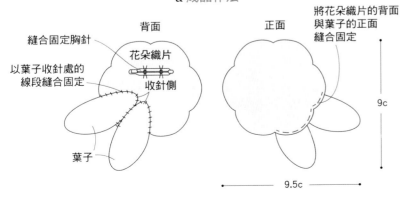

c 成品作法

縫合固定髮圈

背面

花朵織片

6.5c

7c

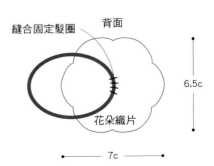

織法
P.108

2

花樣織片拼接餐墊

使用長針與鎖針即可完成的祖母花樣織片，是鉤針編織中最經典的基本花樣。
一邊配色作出花樣，一邊鉤織進行拼接，餐墊就製作完成了。
由於不同配色會改變整體呈現的氛圍，亦可享受色彩組合的樂趣。

設計／久富素子
使用線材／Puppy Cotton KONA

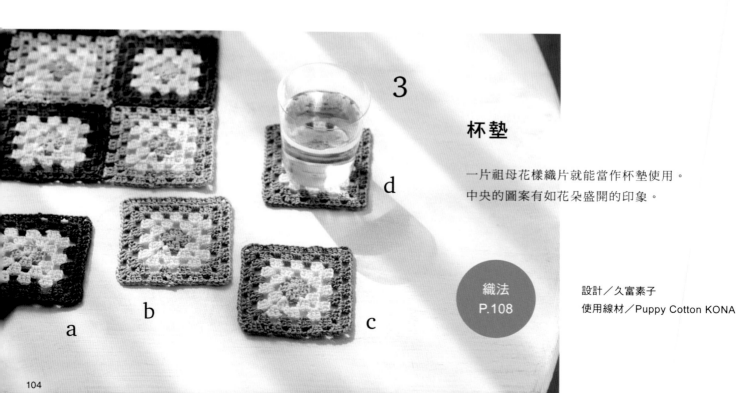

3

杯墊

一片祖母花樣織片就能當作杯墊使用。
中央的圖案有如花朵盛開的印象。

a   b   c   d

織法
P.108

設計／久富素子
使用線材／Puppy Cotton KONA

4

a

織法
P.110

b

橢圓底的小物收納籃

從底部開始，以短針一圈一圈鉤織而成的
橢圓底小物收納籃。
使用相同織圖製作了a的雙色混線與b的橫條紋。
這絕對是最適合用於熟練短針技法的作品。

設計／中山さやか
使用線材／DARUMA STRIPES

玉針毛線帽

以圓潤立體排列的玉針織片作成的可愛帽子，
亦是基本款的人氣造型。
使用相同織線製作而成的大大毛絨球，
形成了視覺焦點。

5

設計／高橋沙繪
使用線材／Hamanaka Aran Tweed

織法
P.111

織入花樣腕套

使用多色的三角形花樣進行配色，
短針鉤織而成的織入花樣腕套。
以往復編直線鉤織成片後，
只要在綴縫時預留大拇指的開口即可，
作法非常簡單！

6

織法
P.112

設計／橋本真由子
使用線材／DARUMA Soft Lambs

P.104 **2 花樣織片拼接餐墊**
3 杯墊

＊使用線材
Puppy Cotton KONA
　2 米白（2）25g
　　 杏色（64）20g
　　 黃色（52）15g
　　 卡其（51）10g
　　 茶色（70）10g
　3-a 卡其（51）3g
　　　米白（2）2g
　　　黃色（52）1g
　3-b 杏色（64）3g
　　　米白（2）2g
　　　黃色（52）1g
　3-c 粉紅（56）3g
　　　米白（2）2g
　　　黃色（52）1g
　3-d 藍色（63）3g
　　　米白（2）2g
　　　黃色（52）1g

＊工具
鉤針　5/0號
＊完成尺寸
2 長27cm　寬36cm
3 長9cm　寬9cm
＊織法
2
1. 進行鎖針接合成圈的輪狀起針，鉤織1片花樣織片A。
2. 第2片開始，一邊鉤織花樣織片一邊在最終段接合相鄰織片，
　 直到12片的花樣織片A～C全部完成。
3
進行鎖針接合成圈的輪狀起針，鉤織花樣織片。

2 花樣織片A～C的織圖
3 花樣織片的織圖
5/0號鉤針

9c

9c

2 花樣織片A～C的排列方法
※依照數字的順序拼接鉤織。

2 花樣織片A～C的配色＆數量

	1段	2・3段	4・5段	數量
織片A			杏色	6片
織片B	黃色	米白	卡其	3片
織片C			茶色	3片

3 花樣織片的配色

	1段	2・3段	4・5段
a			卡其
b	黃色	米白	杏色
c			粉紅
d			藍色

B 12	A 11	C 10	A 9
A 8	C 7	A 6	B 5
C 4	A 3	B 2	A 1

27c
（織片3片）

36c
（織片4片）

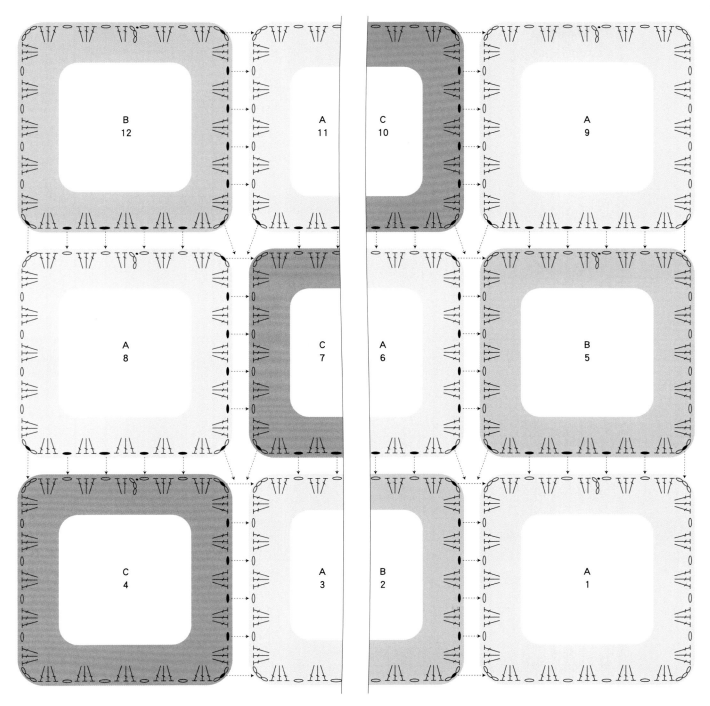

2 花樣織片A～C的拼接方法

※以引拔針接合箭頭指示前方的針目。

P.105 **4 橢圓底的小物收納籃**

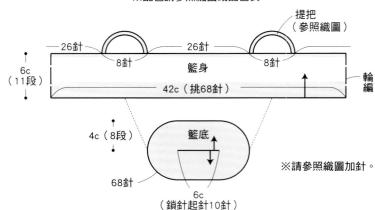

*使用線材
DARUMA STRIPES
a 海軍藍（7）20g
　海軍藍×白色（6）10g
b 柑橘（5）23g
　白色（1）7g

*工具
鉤針　7/0號

*密度（10cm正方形）
短針　16針　18段

*完成尺寸
底14cm×8cm　深6cm

*織法
鎖針起針，以短針一圈圈鉤織籃底與籃身，
並且在籃身最終段的中途製作提把。

小物收納籃
短針　7/0號鉤針

※配色請參照織圖或配色表。

提把
（參照織圖）

26針　　26針
8針　　籃身　　8針
6c
（11段）　　　　　　　　　　　輪編
42c（挑68針）

4c（8段）

籃底

68針　　　6c
（鎖針起針10針）

※請參照織圖加針。

依照結粒針的要領，
挑×的針頭內側1條線與
針腳1條線鉤織引拔針。

鎖針10針　短針13針

提把

小物收納籃的織圖

提把

籃身

×11
×5
←1

起針處　鎖針起針10針

籃底

b的配色

段		b
籃身	11	柑橘
	10	
	9	
	8	白色
	7	
	6	柑橘
	5	
	4	白色
	3	
	2	柑橘
	1	
籃底	8～1	柑橘

a的配色
□＝海軍藍
□＝海軍藍×白色

※b的配色請參照
左側表格。

8 …68針
7 …62針
6 …56針
5 …50針　　每段加6針
4 …44針
3 …38針
2 …32針
1 …從鎖針10針挑26針
段

▽ ＝ 2短針加針
⩔ ＝ 3短針加針

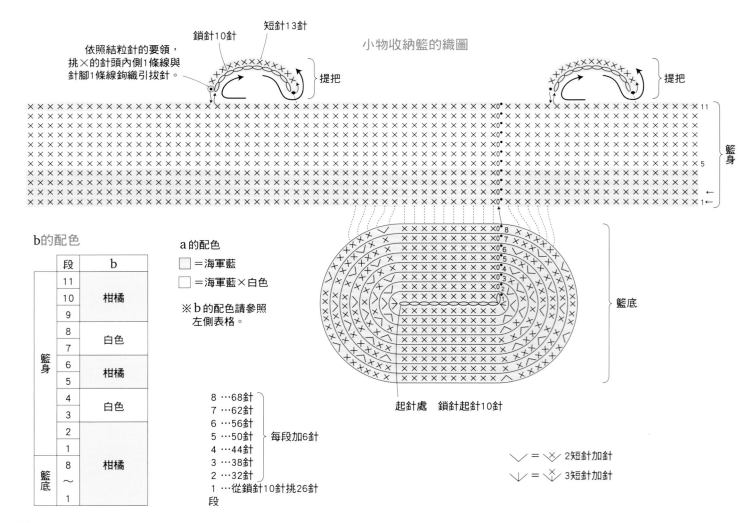

P.107 5 玉針毛線帽

＊使用線材
Hamanaka Aran Tweed
灰色（3）115g

＊工具
鉤針　6/0號、7.5/0號

＊密度（10cm正方形）
花樣編A　4.5組花樣　7段

＊完成尺寸
頭圍49cm

＊織法
1. 鎖針起針，以輪編的花樣編A鉤織帽冠，
   最終段針目進行縮口束緊。
2. 在起針針目上挑針，以輪編的花樣編B
   鉤織帽口。
3. 製作絨球，接縫於帽頂即完成。

帽子
※請參照織圖減針。

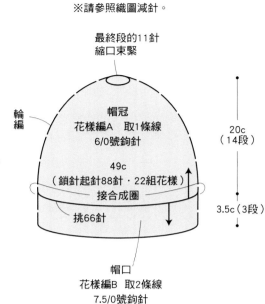

最終段的11針
縮口束緊

輪編

帽冠
花樣編A　取1條線
6/0號鉤針

20c
（14段）

49c
（鎖針起針88針・22組花樣）
接合成圈

挑66針

3.5c（3段）

帽口
花樣編B　取2條線
7.5/0號鉤針

成品作法

在帽頂接縫絨球
（直徑10c・繞線130次）

帽子織圖

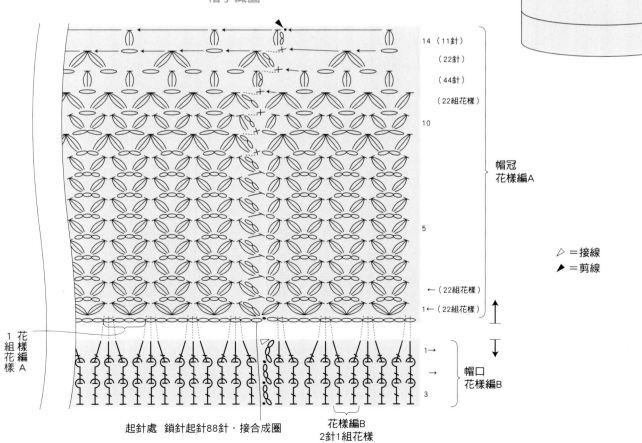

14（11針）
（22針）
（44針）
（22組花樣）
10
5
←（22組花樣）
1←（22組花樣）

帽冠
花樣編A

▷＝接線
▶＝剪線

1 花樣編A
1組花樣

1→
→
3

帽口
花樣編B

起針處　鎖針起針88針・接合成圈

花樣編B
2針1組花樣

111

P.107 **6 織入花樣腕套**

＊使用線材
DARUMA Soft Lambs
橄欖（27）35g
原色（2）5g
胡蘿蔔（26）5g
天空藍（37）5g
肉桂（14）4g

＊工具
鉤針　6/0號

＊密度（10cm正方形）
織入花樣　24針　23段

＊完成尺寸
手掌圍18cm　長19cm

＊織法
1. 鎖針起針，鉤織緣編、織入花樣（P.56包裹織線 編織的方法）製作腕套。
2. 兩側脇邊挑針綴縫接合，僅大拇指開口位置不縫。

腕套
（2片）
6/0號鉤針

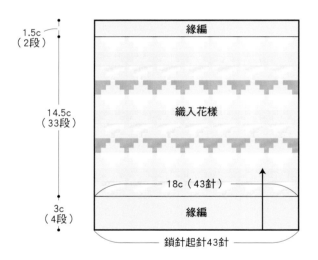

1.5c
（2段）

14.5c
（33段）

3c
（4段）

緣編

織入花樣

18c（43針）

緣編

鎖針起針43針

※配色請參照織圖。

成品作法

除大拇指開口位置外，脇邊挑針綴縫接合。

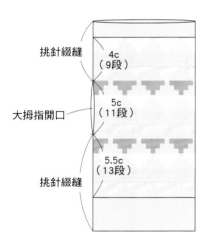

挑針綴縫

4c
（9段）

大拇指開口

5c
（11段）

5.5c
（13段）

挑針綴縫

腕套織圖

□=橄欖　□=胡蘿蔔　□=天空藍　□=原色　▨=肉桂

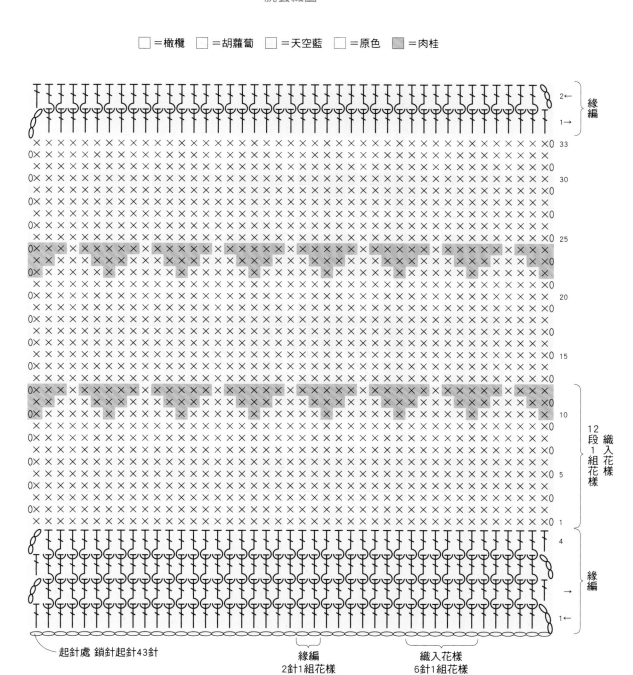

緣編

2←
1→

33

30

25

24
23
22

20

15

10

5

1

4
→
1←

12段1組花樣　織入花樣1組花樣

緣編

起針處 鎖針起針43針

緣編
2針1組花樣

織入花樣
6針1組花樣

7

織法
P.118

艾倫花樣風手提袋

以長針為基底，再加入引上針和爆米花針的變化，
形成以艾倫花樣風格為特色的手提袋。
完成的織片相當可愛，
令人不禁想要繼續鉤織下去。
恰好的尺寸，適合隨興出門閒逛一下時使用。

設計／橋本真由子
使用線材／Puppy PIMA DENIM

直線編織的寬鬆背心

只要分別完成直線鉤織的前、後衣身，
再接合肩線即可完成的簡單背心。
簡約百搭的長針基礎花樣編，
能夠令人流暢輕快地進行鉤織。
不挑身型的寬版設計，任何人都能穿得有型。

8

兩側是以織成片狀的織帶來打結。

設計／岡まり子
製作／大西ふたば
使用線材／DAURMA Airy Wool Alpaca

織法
P.120

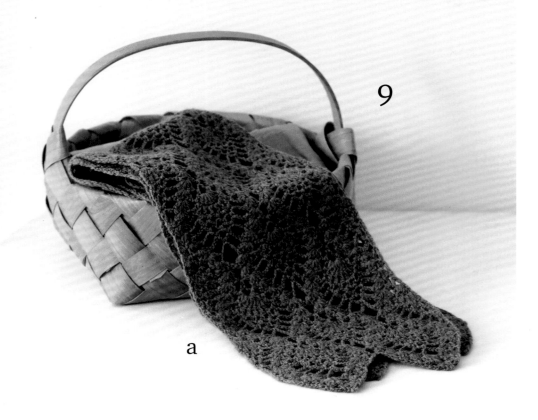

9

a

鳳梨編披肩

學會鉤針編織後，令人忍不住想要挑戰一次的鳳梨編。
只要記得重複進行的編織節奏，就會意外迅速又流暢的完成。
a是以秋冬紗鉤織出蓬鬆輕盈的優雅質感，
b則以春夏紗呈現清晰花樣的清爽氛圍。
是一款可以體驗不同素材差異樂趣的披肩。

設計／川路ゆみこ
製作／西村久美
使用線材／a Hamanaka Amerry F《合太》
　　　　　 b Hamanaka Flax K《金蔥》

b

織法
P.124

蕾絲花樣風圓形剪接上衣

正因為是鉤針編織的圓形剪接上衣，
才能呈現出宛如蕾絲的纖細織片。
在圓形剪接的肩襠，接續往下鉤織身片即可完成。
一年四季都能享受多層次穿搭樂趣的一件單品。

設計／川路ゆみこ
使用線材／Hamanaka Flax Ly

10

織法
P.122

第5章 鉤織作品

P.114 **7 艾倫花樣風手提袋**

＊使用線材
Puppy PIMA DENIM
藍色（109）140g

＊工具
鉤針　5/0號

＊密度（10cm正方形）
花樣編　23針　12段

＊完成尺寸
長29cm　寬32cm

＊織法
1. 鎖針起針，以輪編鉤織長針，製作袋底。
2. 接續以輪編的花樣編鉤織袋身。
3. 繼續進行輪編，以短針、引拔針鉤織袋口‧提把。
4. 最後以引拔針修飾提把內側。

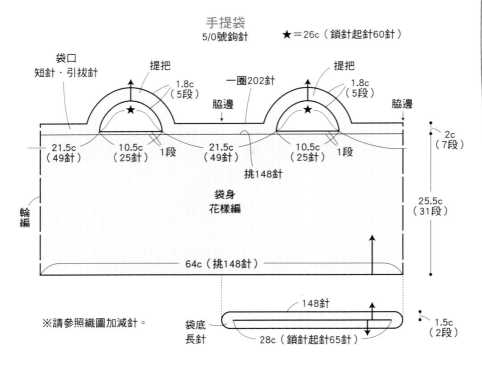

手提袋
5/0號鉤針　★＝26c（鎖針起針60針）

袋口 短針‧引拔針
提把
1.8c（5段）
一圈202針
脇邊
2c（7段）
21.5c（49針）　10.5c（25針）　1段
挑148針
袋身 花樣編
25.5c（31段）
輪編
64c（挑148針）
※請參照織圖加減針。

148針
袋底 長針
28c（鎖針起針65針）
1.5c（2段）

成品作法

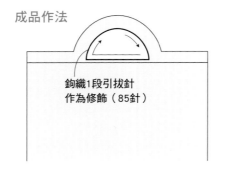

鉤織1段引拔針 作為修飾（85針）

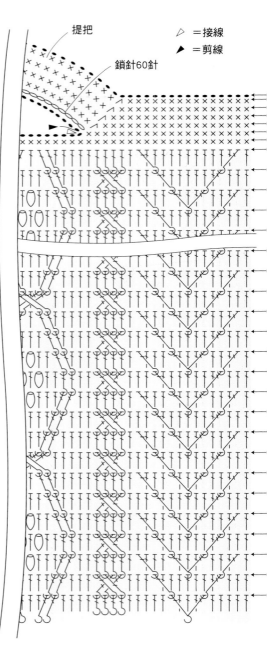

提把
鎖針60針
▷＝接線
▶＝剪線

袋底
2 …148針（加8針）
1 …從鎖針65針增加至140針
段

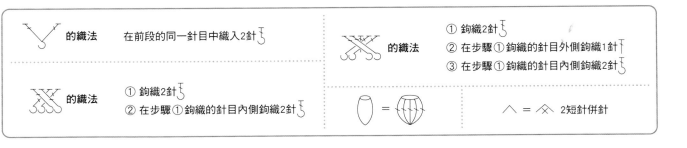

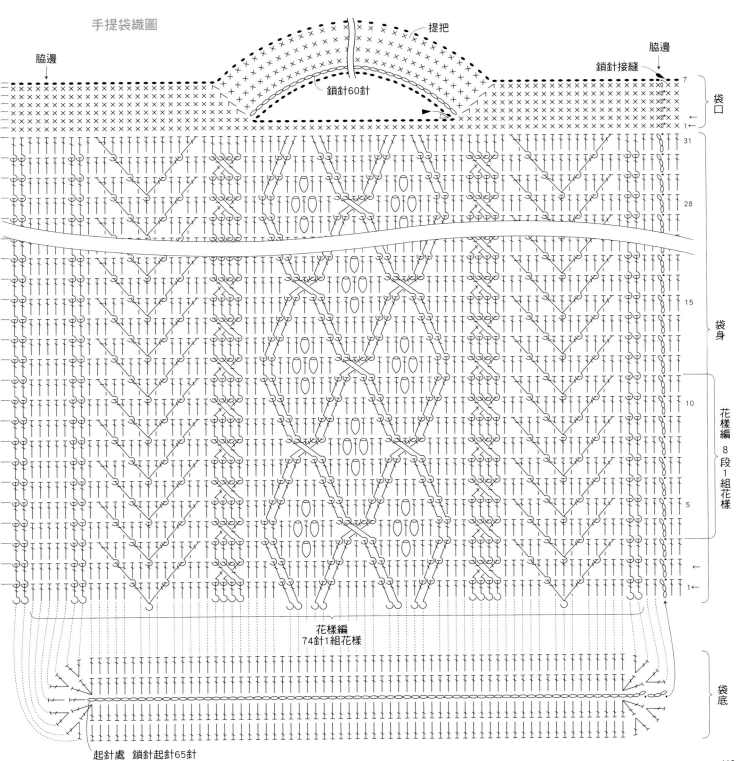

手提袋織圖

提把

鎖針60針

脇邊　　　　　　　　　　　　　　　　　　　　　脇邊

鎖針接縫

袋口

7

1

31

28

15

10

5

1

袋身

花樣編 8 段 1 組花樣

花樣編
74針1組花樣

袋底

起針處　鎖針起針65針

P.115 **8 直線編織的寬鬆背心**

＊使用線材
DAURMA Airy Wool Alpaca
淺灰色（7）300g
＊工具
鉤針　7/0號、6/0號
＊密度（10cm正方形）
花樣編A　23針　9.5段

＊完成尺寸
胸寬60cm　衣長58cm　袖長30cm
＊織法
1. 鎖針起針，以花樣編A鉤織後衣身、前衣身。
2. 引拔針併縫接合兩側肩線。
3. 沿前、後衣身的兩側、下襬與領口處鉤織緣編A。
4. 鎖針起針，以花樣編B、緣編B鉤織織帶，縫合固定於指定位置。

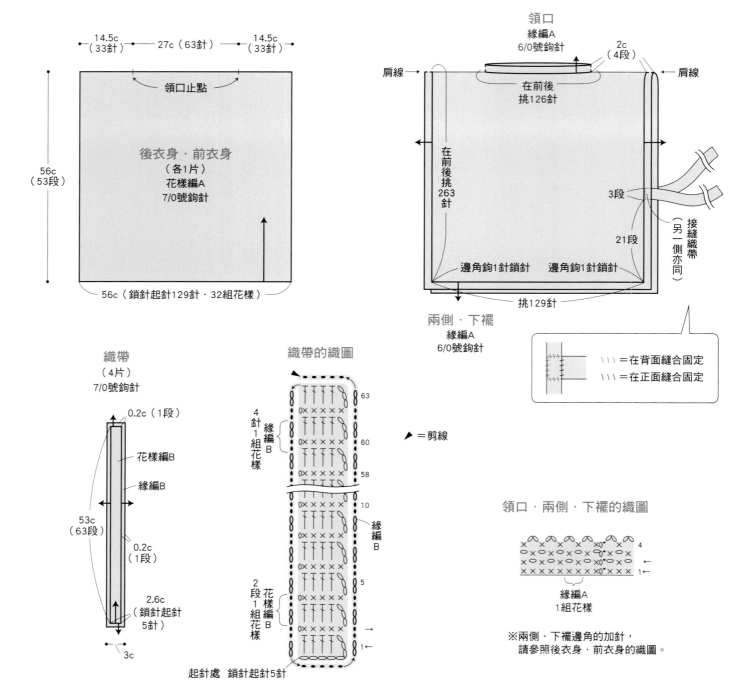

後衣身・前衣身的織圖

◁＝接線

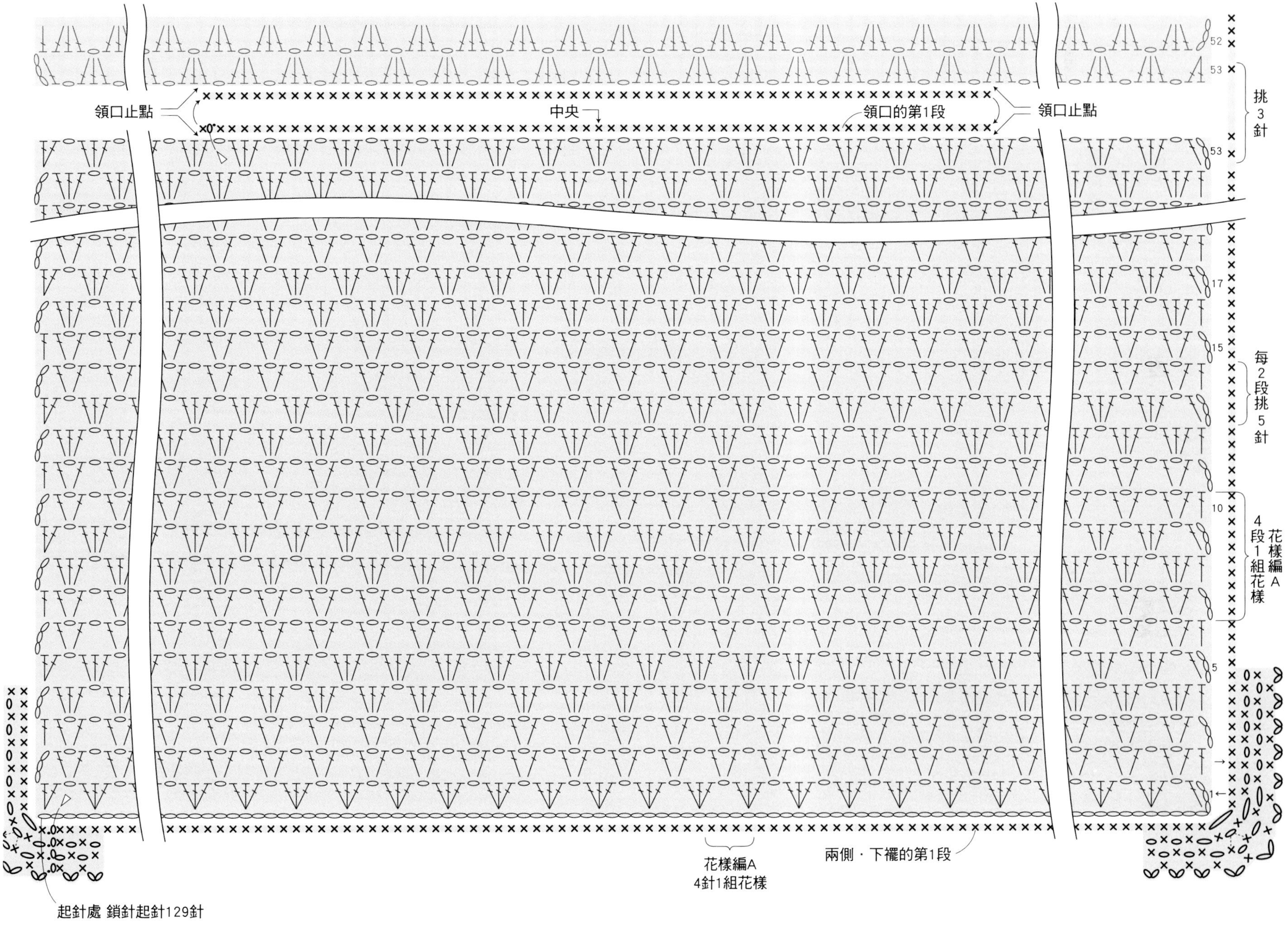

52
53
53
挑3針
領口止點
中央
領口的第1段
領口止點
17
15
每2段挑5針
10
4段1組花樣
花樣編A
5
1
花樣編A
4針1組花樣
兩側・下襬的第1段
起針處 鎖針起針129針

P.117 **10 蕾絲花樣風圓形剪接上衣**

＊使用線材
Hamanaka Flax Ly
藍色(805) 190g

＊工具
鉤針　4/0號

＊密度
花樣編A(收針側)　1組花樣＝16cm　10段＝10cm
花樣編B　1組花樣＝4cm　10段＝10cm

＊完成尺寸
胸圍120cm　衣長42cm　袖長約42cm

＊織法
1. 鎖針起針,以輪編的花樣編A鉤織圓形剪接部分。
2. 在圓形剪接的下緣挑針,兩側脇邊鉤鎖針起針,進行花樣編B的輪編,鉤織前、後衣身,接續以緣編A鉤織下襬。
3. 鉤織袖口的緣編A與短針,在領口以輪編鉤織緣編B。

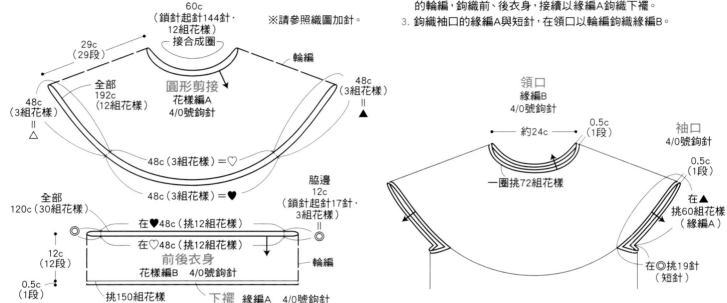

60c
(鎖針起針144針・12組花樣)
接合成圈
※請參照織圖加針。

29c (29段)
全部 192c (12組花樣)
圓形剪接
花樣編A 4/0號鉤針
輪編

48c (3組花樣) ‖ △
48c (3組花樣) ‖ ▲

48c (3組花樣)＝♡
48c (3組花樣)＝♥

脇邊 12c
(鎖針起針17針・3組花樣) ‖

全部 120c (30組花樣)
在♥48c (挑12組花樣)
在♡48c (挑12組花樣)
前後衣身
花樣編B　4/0號鉤針
輪編

12c (12段)
0.5c (1段)

挑150組花樣
下襬　緣編A　4/0號鉤針

領口
緣編B
4/0號鉤針
約24c
0.5c (1段)
一圈挑72組花樣

袖口
4/0號鉤針
0.5c (1段)
在▲挑60組花樣 (緣編A)
在◎挑19針 (短針)

前後衣身的織圖

緣編A 1組花樣

緣編A
花樣編B 3段1組花樣

1
6
12

6針 6針 6針 6針 5針 5針
圓形剪接第29段
◎ (鎖針17針)
左袖口
只有在脇邊 (◎) 上挑針的部分是鉤織5針鎖針

花樣編B 1組花樣
緣編A 1組花樣

▷＝接線
▶＝剪線

※右袖口(△)鉤織方法同▲。

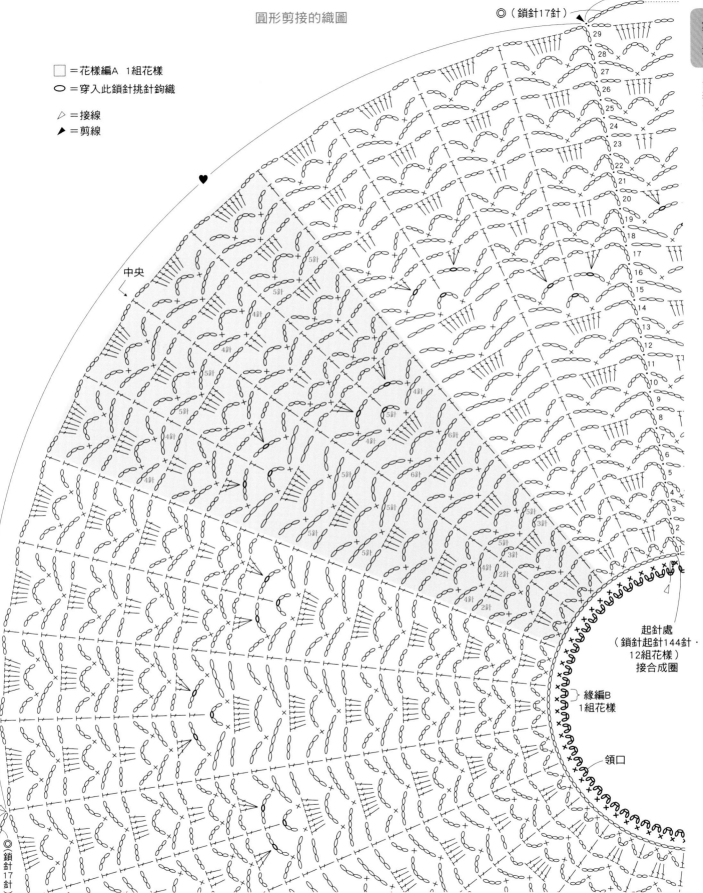

圓形剪接的織圖

□＝花樣編A　1組花樣

○＝穿入此鎖針挑針鉤織

▷＝接線

▶＝剪線

◎（鎖針17針）

中央

起針處
（鎖針起針144針・
12組花樣）
接合成圈

緣編B
1組花樣

領口

◎（鎖針17針）

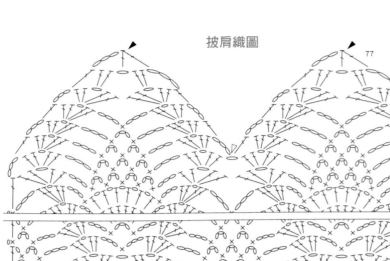

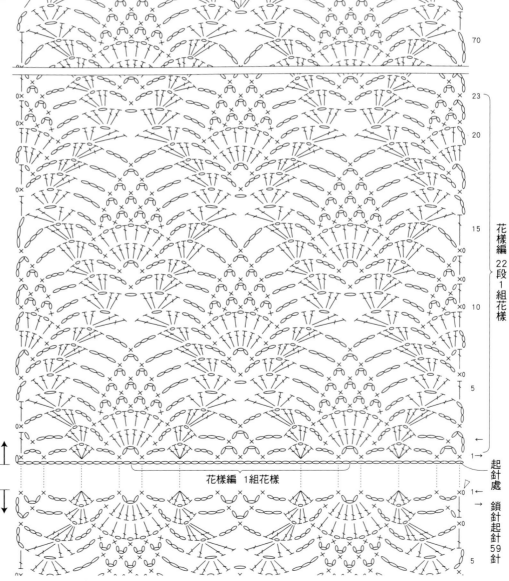

第
5
章

鉤織作品

P.116 9 鳳梨編披肩

＊使用線材
a Hamanaka Amerry F《合太》
　紫色薄霧（511）95g
b Hamanaka Flax K《金蔥》
　原色（601）170g
＊工具
鉤針　4/0號

＊密度
花樣編　29.5針=10cm　22段=20.5cm
＊完成尺寸
寬20cm　長144cm
＊織法
1. 鎖針起針，鉤織花樣編。
2. 在起針針目上挑針，鉤織另一側的花樣編。

▷=接線
▶=剪線

披肩織圖

披肩

72c（77段）

花樣編
4/0號鉤針

20c
（鎖針起針
59針
・
2組花樣）

（挑2組花樣）

花樣編
4/0號鉤針

72c（77段）

花樣編
22段1組花樣

花樣編　1組花樣

起針處

鎖針起針59針

第6章　針目記號織法

本章是以放大的分解步驟插圖來解說常用的針目記號。
由於織圖是以各式各樣針目記號排列組合構成的，
因此只要確實熟悉針目記號的鉤織方法，
無論多麼複雜的織圖都能夠挑戰。

鎖針

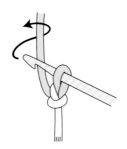 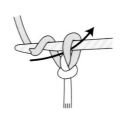 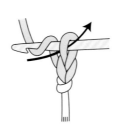 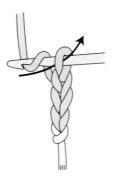 

5針

最初的針目

1 依箭頭指示，在鉤針上掛線。

2 依箭頭指示引拔鉤出織線。鉤織第1針。

3 以相同方式依箭頭指示引拔。鉤織第2針。

4 重複相同作法繼續鉤織。

5 完成5針鎖針的模樣。最初的針目與掛於鉤針上的線圈不計入針目。

 引拔針 ※以在短針上鉤織的情況為例。

 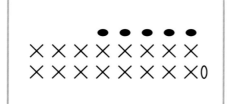

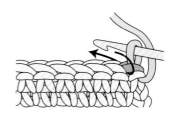

1 鉤針依箭頭指示，穿入前段的針目中。

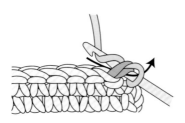 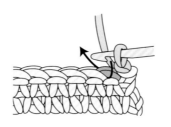 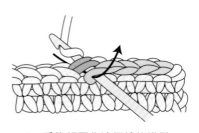

2 鉤針掛線，依箭頭指示一次引拔2線圈。

3 完成1針引拔針的模樣。第2針以相同方式，鉤針依箭頭指示穿入針目挑針，掛線後引拔。

4 重複相同作法繼續鉤織引拔針。

結粒針

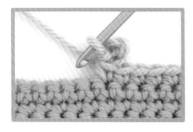 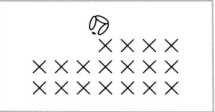

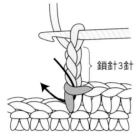 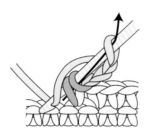 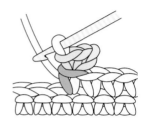

鎖針3針

1 鉤織3針鎖針，鉤針依箭頭指示穿入短針，挑針頭和針腳各1條線。

2 鉤針掛線，依箭頭指示，一次引拔所有線圈。

3 完成3鎖針的結粒針。

 短針

  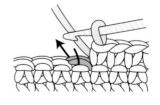

1 鉤針依箭頭指示，穿入前段的針目中。

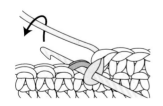 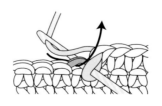 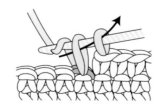 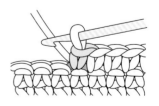

2 依箭頭指示，在鉤針上掛線。

3 依箭頭指示引出織線。

4 鉤針掛線，依箭頭指示一次引拔2線圈。

5 完成短針。

短針的筋編

※ 像是 T 或 T 等短針以外的針目，鉤針也是
   以相同的挑針方式穿入，鉤織中長針或長針。

※「筋編」與「畝編」（P.129），兩者皆使用相同的針目記號 ✕。
   織法雖然相同（挑前段針頭的外側1條線鉤織），但「筋編」
   是輪編時的稱呼，「畝編」則是往復編時的叫法，兩者的織
   片外觀也有所不同。

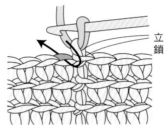

立起針的
鎖針1針

1　鉤織1針立起針的鎖
　針，鉤針依箭頭指示，
　穿入前段針頭的外側1
　條線。

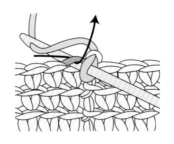

2　鉤針掛線，依箭頭指示
　引出織線。

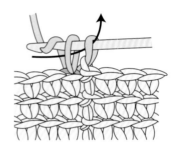

3　鉤針掛線，依箭頭指示
　一次引拔2線圈。

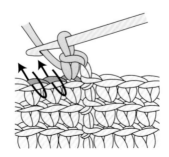

4　完成1針短針的筋編。下
　一針以相同方式穿入針
　目鉤織。

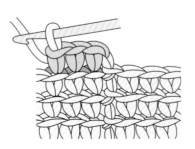

5　前段針頭的內側1條線
　浮凸於織片上，呈現
　筋狀。

短針的畝編

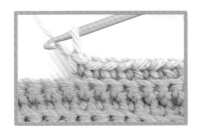

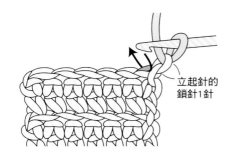

1　鉤織1針立起針的鎖針，鉤針依箭頭指示，穿入前段針頭的外側1條線。

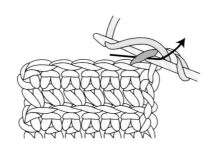

2　鉤針掛線，依箭頭指示引出織線。

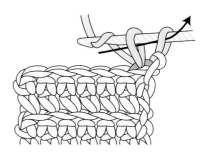

3　鉤針掛線，依箭頭指示一次引拔2線圈。

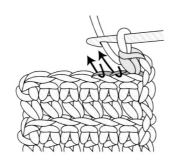

4　完成1針短針的畝編。下一針以相同方式穿入針目鉤織。

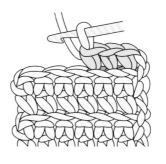

5　往復編時，每一段都是在前段針頭的外側1條線挑針鉤織，織片因而呈現田畝般一壟一壟的凹凸紋路。

逆短針

※一邊看著織片的正面，一邊由左往右鉤織。

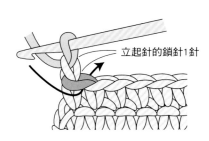

1 看著織片的正面，鉤織立起針的鎖針1針，鉤針依箭頭指示穿入前段針目中。

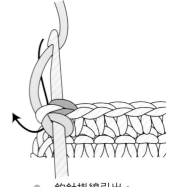

2 鉤針掛線引出。

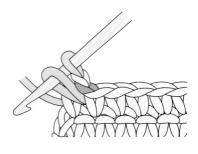

3 引出織線的模樣。

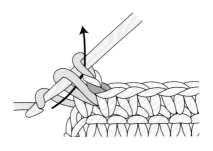

4 鉤針掛線，依箭頭指示一次引拔2線圈。

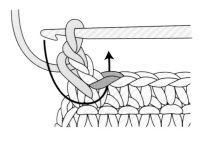

5 完成1針逆短針的模樣。鉤針依箭頭指示，繼續穿入下一針目。

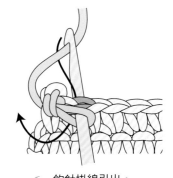

6 鉤針掛線引出。

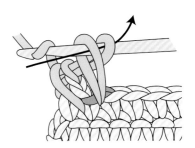

7 鉤針掛線引拔。鉤織第2針。

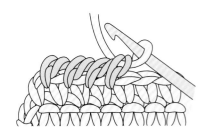

8 重複步驟5・6・7繼續鉤織。

中長針

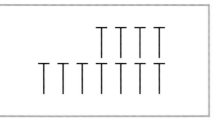

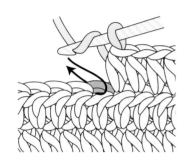

1 鉤針先掛線，依箭頭指示穿入前段的針目中。

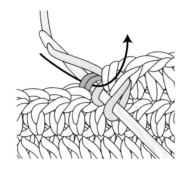

2 鉤針掛線，依箭頭指示引出織線。

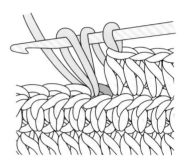

3 引出織線的模樣（引出的織線要拉長一些）。

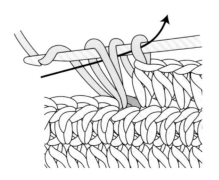

4 鉤針掛線，依箭頭指示一次引拔所有線圈。

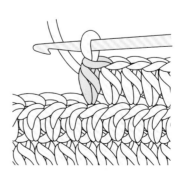

5 完成中長針。

131

長針

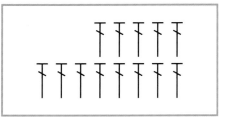

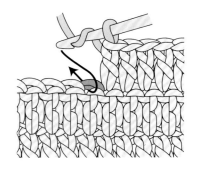

1 鉤針先掛線，依箭頭指示穿入前段的針目中。

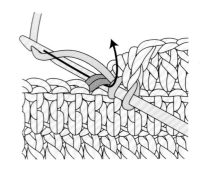

2 鉤針掛線，依箭頭指示引出織線。

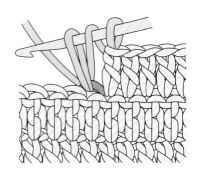

3 引出織線的模樣。

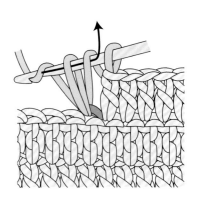

4 鉤針掛線，依箭頭指示引拔前2個線圈。

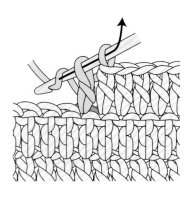

5 鉤針掛線，依箭頭指示一次引拔餘下的2個線圈。

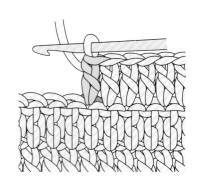

6 完成長針。

 **長長針**

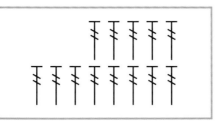

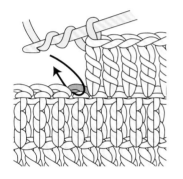

1　鉤針先掛線2次，再依箭頭
　　指示穿入前段的針目中。

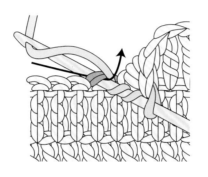

2　鉤針掛線，依箭頭指示
　　引出織線。

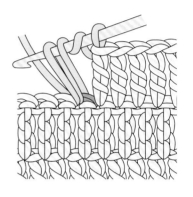

3　引出織線的模樣。

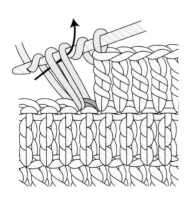

4　鉤針掛線，依箭頭指示
　　引拔前2個線圈。

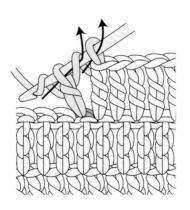

5　鉤針掛線，依箭頭指示
　　每次引拔2個線圈。

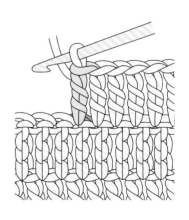

6　完成長長針。

三捲長針

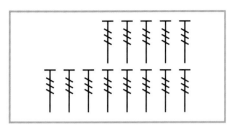

※四捲以上時，也是以相同方式在鉤針上掛線，
　作出指定圈數再鉤織針目。

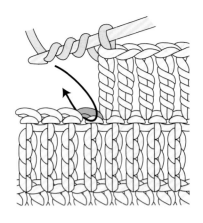

1 鉤針先掛線3次，再依箭頭指示
　穿入前段的針目中。

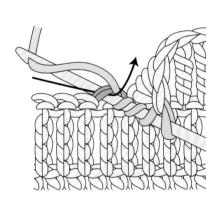

2 鉤針掛線，依箭頭指示引出
　織線。

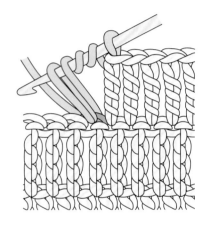

3 引出織線的模樣。

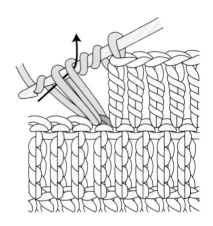

4 鉤針掛線，依箭頭指示引拔
　前2個線圈。

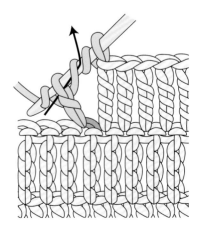

5 鉤針掛線，繼續依箭頭指示
　引拔前2個線圈。

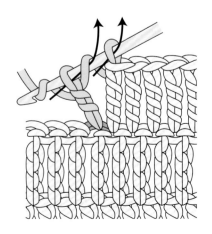

6 鉤針掛線，依箭頭指示每次引
　拔2個線圈。

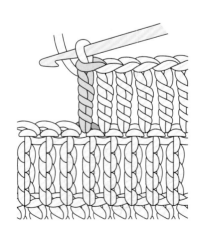

7 完成三捲長針。

2短針加針

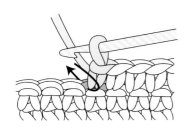 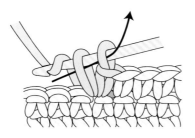 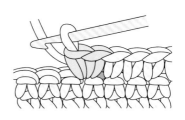

1 鉤織1針短針後，依箭頭指示，在前段的同一針目中挑針，引出織線。

2 鉤針掛線，依箭頭指示引拔。

3 在同一針目中織入2針短針。

 3短針加針

 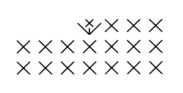

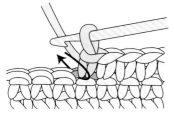 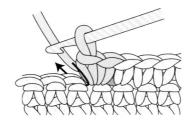 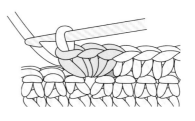

1 鉤織1針短針後，依箭頭指示，在前段的同一針目中挑針鉤織第2針短針。

2 鉤針再次穿入前段的同一針目中，鉤織第3針短針。

3 在同一針目中織入3針短針。

V 2中長針加針

※ V 與 ⅤⅤ 挑針方法的差異請參照P.145。

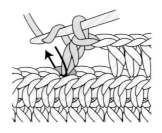
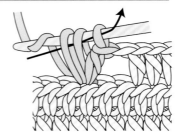
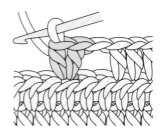

1　鉤織1針中長針。鉤針先掛線，依箭頭指示，在前段的同一針目中挑針，引出織線。

2　鉤針掛線，依箭頭指示引拔所有線圈，鉤織中長針。

3　在同一針目中織入2針中長針。

ⅤⅤ 3中長針加針

※ ⅤⅤ 與 ⅤⅤⅤ 挑針方法的差異請參照P.145。

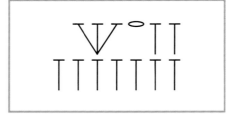

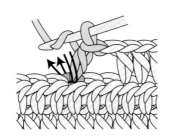
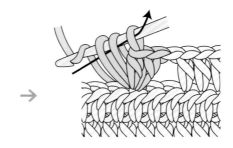
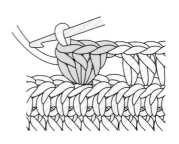

1　鉤織1針中長針，接著同樣先掛線，鉤針再依箭頭指示穿入前段的同一針目中，鉤織另外2針中長針。

2　在同一針目中織入3針中長針。

2長針加針

※ 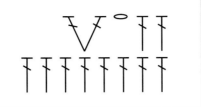 挑針方法的差異請參照P.145。

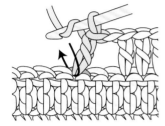

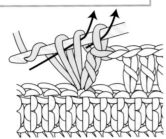

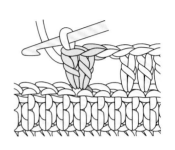

1　鉤織1針長針。鉤針先掛線，依箭頭指示，在前段的同一針目中挑針，引出織線。

2　鉤針掛線，依箭頭指示每次引拔2個線圈，鉤織1針長針。

3　在同一針目中織入2針長針。

3長針加針

※ 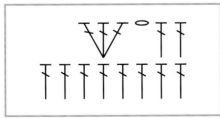 挑針方法的差異請參照P.145。

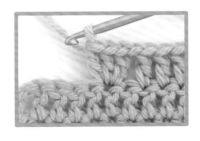

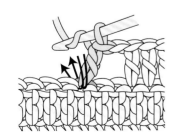

→

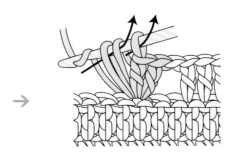

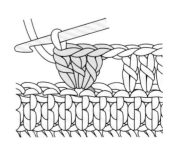

1　鉤織1針長針，接著同樣先在鉤針掛線，再依箭頭指示穿入前段的同一針目中，鉤織另外2針長針。

2　在同一針目中織入3針長針。

5長針加針

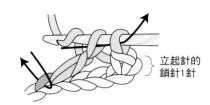

1 鉤織立起針的鎖針1針與1針短針，跳過針目在第4針的鎖針中織入5針長針。

立起針的鎖針1針

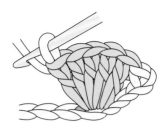

2 在同一針目中織入5針長針的模樣。

松編

以下將介紹運用「5長針加針」組合而成的松編織法。

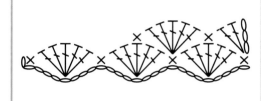

1 鉤織立起針的鎖針1針與1針短針，跳過針目在第4針的鎖針中織入5針長針。

2 鉤針依箭頭指示，穿入第4針的鎖針中，鉤織1針短針。

3 完成1針短針的模樣。以相同方式重複鉤織5針長針與1針短針，完成第1段。

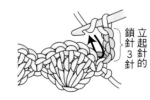

4 下一段是鉤3針鎖針為立起針，鉤針依箭頭指示，穿入前段的短針針頭中，鉤織2針長針。

立起針的鎖針3針

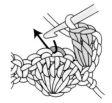

5 完成2針長針的模樣。鉤針依箭頭指示，穿入前段5長針的中央針目中，鉤織1針短針。

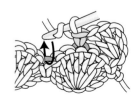

6 完成1針短針的模樣。鉤針掛線，依箭頭指示穿入前段的短針針頭中，鉤織5針長針。

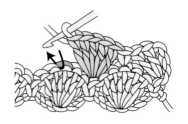

7 完成5針長針的模樣。重複步驟5・6，繼續鉤織。

2短針併針

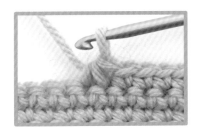

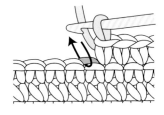

1 鉤針依箭頭指示穿入前段
  的針目中，掛線引出。

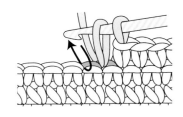

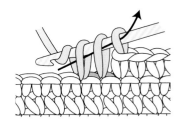

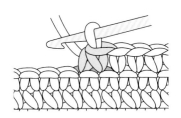

2 鉤針依箭頭指示繼續穿入下
  一個針目中，以相同方式掛
  線引出。

3 鉤針掛線，依箭頭指示一次
  引拔所有線圈。

4 完成2短針併針。

 3短針併針

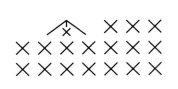

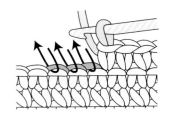

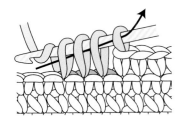

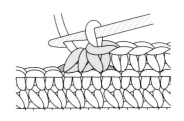

1 鉤針依箭頭指示，穿入
  前段的3個針目中，分
  別掛線引出3次。

2 鉤針掛線，依箭頭指示一次
  引拔所有線圈。

3 完成3短針併針。

2中長針併針

※所謂「未完成的針目」,是只要再引拔1次,
即可完成針目的狀態。

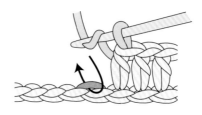

1　鉤針先掛線,依箭頭指示穿入針目,掛線引出(引出的織線要拉長一些)。

2　完成1針未完成的中長針。鉤針掛線,依箭頭指示穿入下一針,以相同方式掛線引出。

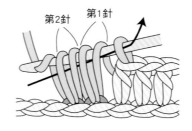

3　完成2針未完成的中長針。鉤針掛線,依箭頭指示一次引拔所有線圈。

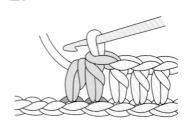

4　完成2中長針併針。

 3中長針併針

※所謂「未完成的針目」,是只要再引拔1次,
即可完成針目的狀態。

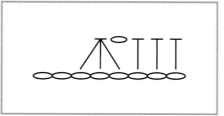

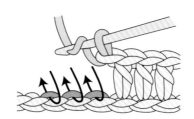

1　鉤針先掛線,依箭頭指示分別穿入針目,掛線引出,鉤織3針未完成的中長針(引出的織線要拉長一些)。

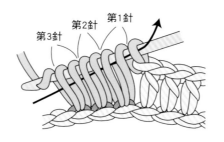

2　完成3針未完成的中長針。鉤針掛線,依箭頭指示一次引拔所有線圈。

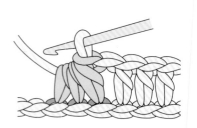

3　完成3中長針併針。

2長針併針

※所謂「未完成的針目」，是只要再引拔1次，
即可完成針目的狀態。

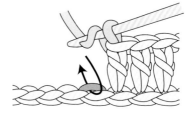

1 鉤針先掛線，依箭頭指示穿入
針目，掛線引出，完成1針未
完成的長針。

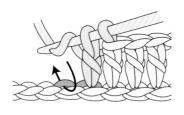

2 鉤針掛線，依箭頭指示穿入
下一針，再鉤織1針未完成
的長針。

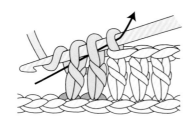

3 鉤針掛線，依箭頭指示一次
引拔所有線圈。

4 完成2長針併針。

 3長針併針

※所謂「未完成的針目」，是只要再引拔1次，
即可完成針目的狀態。

1 鉤針先掛線，依箭頭指示分別
穿入針目，掛線引出，鉤織3針
未完成的長針。

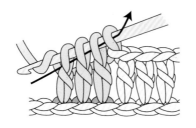

2 完成3針未完成的長針。鉤針
掛線，依箭頭指示一次引拔所
有線圈。

3 完成3長針併針。

1針左上交叉長針

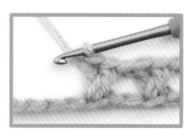

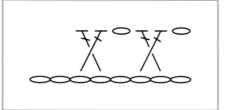

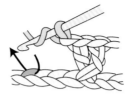

1　鉤針先掛線，依箭頭指示穿入針目，鉤織交叉上方的長針。

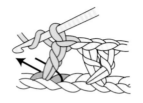

2　鉤針掛線，依箭頭指示穿入右側的鎖針針目中，在步驟 1 織好的長針後方掛線引出。

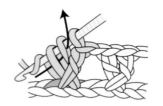

3　鉤針掛線，依箭頭指示引拔前2個線圈。

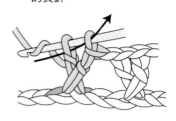

4　鉤針再次掛線，依箭頭指示引拔最後的2個線圈。

 1針右上交叉長針

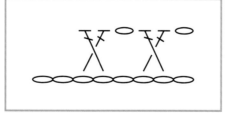

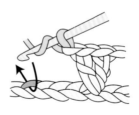

1　鉤針先掛線，依箭頭指示穿入針目，鉤織交叉下方的長針。

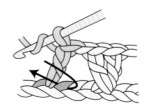

2　鉤針掛線，依箭頭指示穿入右側的鎖針針目中，在步驟 1 織好的長針前方掛線引出。

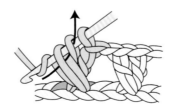

3　鉤針掛線，依箭頭指示引拔前2個線圈。

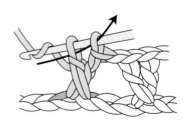

4　鉤針再次掛線，依箭頭指示引拔最後的2個線圈。

 1針左上與3針交叉長針

 1針右上與3針交叉長針

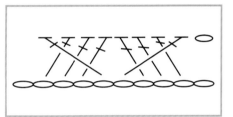

1 鉤織交叉上方的長針後，鉤針掛線，依箭頭指示穿入右側前3針，依序鉤織位於交叉下方的長針。

2 鉤針掛線，依箭頭指示穿入針目，依序鉤織3針長針。

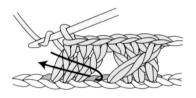

3 完成位於交叉下方的3針長針。鉤針掛線，依箭頭指示穿入針目，在前方掛線引出。

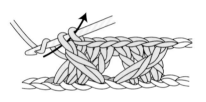

4 在交叉下方的3針長針前，鉤織1針長針。

 交叉長針

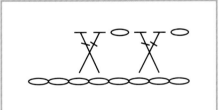

1 鉤針先掛線，依箭頭指示穿入交叉左側的鎖針針目中，鉤織長針。

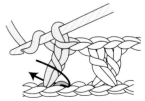

2 鉤針掛線，依箭頭指示穿入前一針目，掛線引出，形成如同包裹步驟 **1** 織好的長針的樣子。

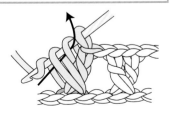

3 鉤針掛線，依箭頭指示引拔前2個線圈。

4 鉤針再次掛線，依箭頭指示引拔最後的2個線圈。

3中長針的玉針

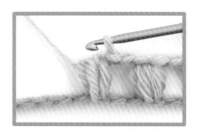

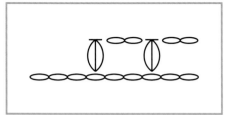

※ 挑針方法的差異請參照P.145。

※所謂「未完成的針目」，是只要再引拔1次，
　即可完成針目的狀態。

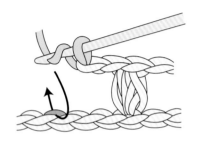

1　鉤針先掛線，依箭頭指示穿入針
　目，掛線引出（引出的織線要拉長
　一些）。

2　完成1針未完成的中長針。鉤針再次掛
　線，直接依箭頭指示穿入步驟1的同
　一針目，掛線引出。

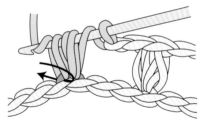

第3針　第2針　第1針

3　完成2針未完成的中長針。鉤針同樣先掛
　線，繼續在同一針目挑針，掛線引出。

4　完成3針未完成的中長針。鉤針掛線，
　依箭頭指示一次引拔所有線圈。

5　完成3中長針的玉針。

「挑針鉤織」與「挑束鉤織」的差異

織入2針以上的針目記號中，會出現記號下方為針腳相連與針腳分開的狀況。
這個不同之處，是用於表示在前段織入針目時，應該進行穿入針目的挑針鉤織，或是穿入下方空間的挑束鉤織。
➡ 參照P.41「挑束鉤織」。

穿入針目的挑針鉤織	挑束鉤織

 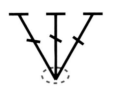

記號下方為針腳相連的密閉狀。
鉤針穿入前段的1針裡，織入指定的針數。

記號的下方為針腳分開的散開狀。
鉤針穿入前段鎖針束的下方空間，挑束織入指定的針數。

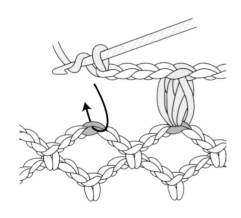

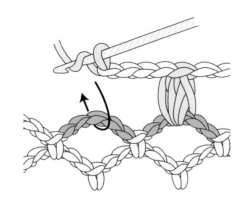

3長針的玉針

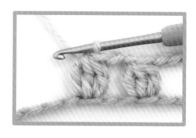

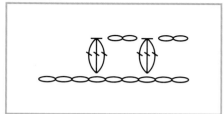

※ 與 挑針方法的差異請參照P.145。

※所謂「未完成的針目」，是只要再引拔1次，
　即可完成針目的狀態。

1　鉤針先掛線，依箭頭指示穿入針目，
　掛線引出。

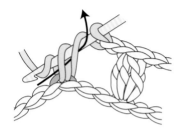

2　鉤針掛線，依箭頭指示引拔前2個
　線圈，形成未完成的長針。

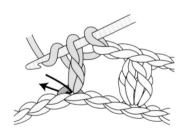

3　完成1針未完成的長針。鉤針再次掛
　線，穿入同一針目鉤織第2針未完成
　的長針。

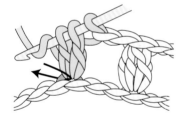

4　完成2針未完成的長針。以相同方
　式在同一針目中織入第3針未完成
　的長針。

5　完成3針未完成的長針。鉤針掛線，
　依箭頭指示一次引拔所有線圈。

6　完成3長針的玉針。

3中長針的變形玉針

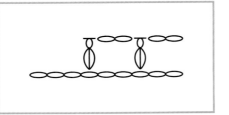

※ 與 挑針方法的差異請參照P.145。

※所謂「未完成的針目」，是只要再引拔1次，
　即可完成針目的狀態。

1　鉤針先掛線，依箭頭指示穿入針
　目，掛線引出（引出的織線要拉長
　一些）。

2　完成1針未完成的中長針。重複2次鉤
　針掛線，穿入步驟 1 的同一針目中，
　掛線引出的動作。

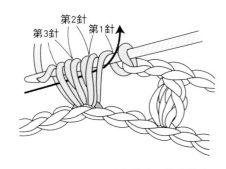

第3針　第2針　第1針

3　完成3針未完成的中長針。鉤針掛線，
　依箭頭指示只引拔中長針的部分。

4　鉤針掛線，依箭頭指示一次引拔餘下
　的2線圈。

5　完成3中長針的變形玉針。

5長針的爆米花針

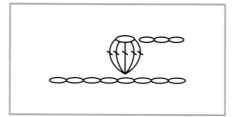

※ 與 挑針方法的差異

請參照P.145。

1　在前段的同一針目中織入5針長針。

2　如圖示暫時取下鉤針，接著將鉤針穿入第1針長針的針頭2條線，再重新穿回原本的線圈中。

3　依箭頭指示，將原本的線圈從第1針的針目中引出。

4　鉤針掛線，依箭頭指示引拔，並確實束緊。

5　完成5長針的爆米花針。

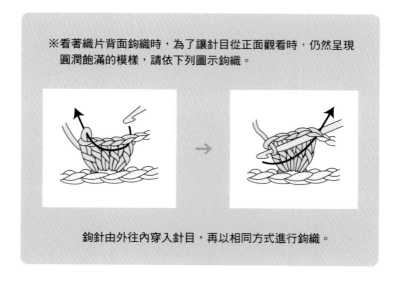

※看著織片背面鉤織時，為了讓針目從正面觀看時，仍然呈現圓潤飽滿的模樣，請依下列圖示鉤織。

鉤針由外往內穿入針目，再以相同方式進行鉤織。

短針的環編

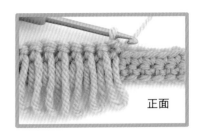

正面

背面

以中指
下壓織線

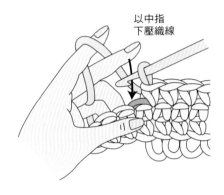

1 左手中指如圖示下壓織線,直到所
需的線環長度。

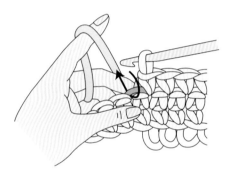

2 鉤針依箭頭指示穿入針目,直接在壓線
的狀態下掛線,鉤織短針。

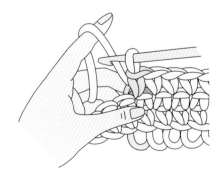

3 織完短針後,才將中指鬆開。線環會
出現在織片的外側。

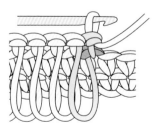

4 以線環所在的面作為織片的正面。

表引短針

※看著織片背面鉤織時，為了讓針目從正面觀看時仍然呈現 ꝝ 的模樣，因此實際上是要鉤織 ꝝ（裡引短針‧參照P.151）。
➡ 參照P.156「引上針的鉤織重點」。

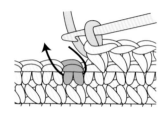

1　鉤針依箭頭指示，宛如挑起前段針目的針腳般，由內往外橫向穿過整個針目。

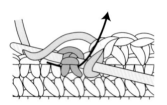

2　鉤針掛線，依箭頭指示引出織線。

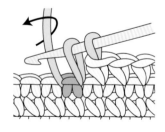

3　引出織線的模樣。鉤針依箭頭指示掛線。

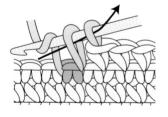

4　依箭頭指示，一次引拔所有線圈。

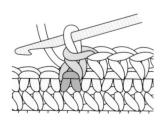

5　完成表引短針。

裡引短針

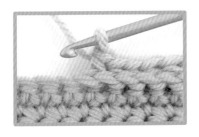
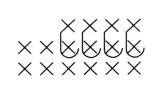

※看著織片背面鉤織時，為了讓針目從正面觀
看時仍然呈現 ᙅ 的模樣，因此實際上是要
鉤織 ᙁ（表引短針・參照P.150）。
➡ 參照P.156「引上針的鉤織重點」。

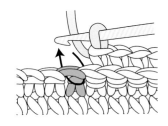

1 鉤針依箭頭指示，宛如挑起
前段針目的針腳般，由外往
內橫向穿過整個針目。

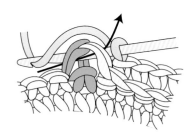

2 鉤針掛線，依箭頭指示引出
織線。

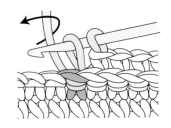

3 引出織線的模樣。鉤針依箭
頭指示掛線。

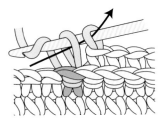

4 依箭頭指示，一次引拔所
有線圈。

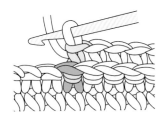

5 完成裡引短針。

表引中長針

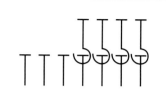

※看著織片背面鉤織時，為了讓針目從正面觀
看時仍然呈現 ʃ 的模樣，因此實際上是要
鉤織 ʃ（裡引中長針‧參照P.153）。
➡ 參照P.156「引上針的鉤織重點」。

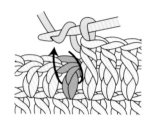

1　鉤針先掛線，依箭頭指示，
宛如挑起前段針目的針腳
般，由內往外橫向穿過整個
針目。

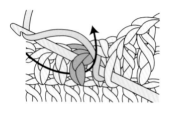

2　鉤針掛線，依箭頭指示引
出織線。

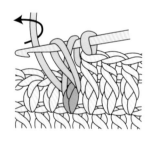

3　引出織線的模樣。鉤針依箭
頭指示掛線。

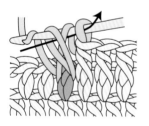

4　依箭頭指示，一次引拔所
有線圈。

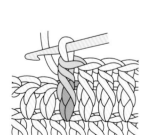

5　完成表引中長針。

 裡引中長針

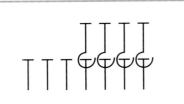

※看著織片背面鉤織時，為了讓針目從正面觀
看時仍然呈現 ∫ 的模樣，因此實際上是要
鉤織 ∫（表引中長針・參照P.152）。
➡ 參照P.156「引上針的鉤織重點」。

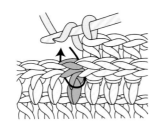

1 鉤針先掛線，宛如挑起前段
針目的針腳般，由外往內橫
向穿過整個針目。

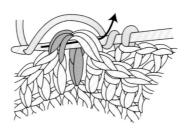

2 鉤針掛線，依箭頭指示引出
織線。

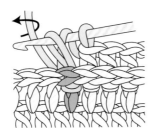

3 引出織線的模樣。鉤針依箭
頭指示掛線。

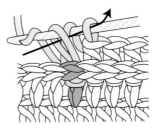

4 依箭頭指示，一次引拔所
有線圈。

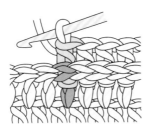

5 完成裡引中長針。

表引長針

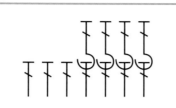

※看著織片背面鉤織時，為了讓針目從正面觀看時仍然呈現 ![] 的模樣，因此實際上是要鉤織 ![]（裡引長針・參照P.155）。
➡ 參照P.156「引上針的鉤織重點」。

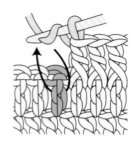

1　鉤針先掛線，依箭頭指示，宛如挑起前段針目的針腳般，由內往外橫向穿過整個針目。

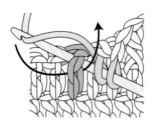

2　鉤針掛線，依箭頭指示引出織線。

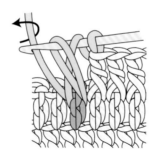

3　引出織線的模樣。鉤針依箭頭指示掛線。

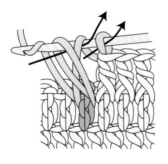

4　依箭頭指示，每次引拔2個線圈。

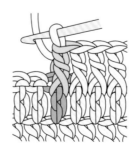

5　完成表引長針。

 裡引長針

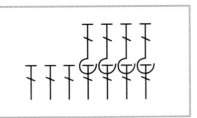

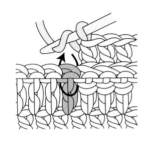

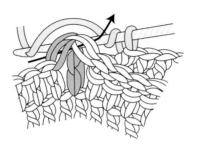

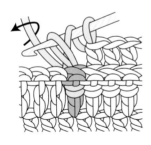

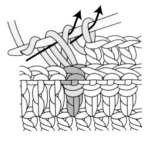

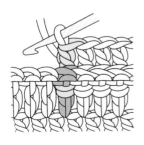

※看著織片背面鉤織時，為了讓針目從正面觀
看時仍然呈現 ㅌ 的模樣，因此實際上是要
鉤織 ㅌ （表引長針·參照P.154）。
➡ 參照P.156「引上針的鉤織重點」。

1 鉤針先掛線，依箭頭指示，
宛如挑起前段針目的針腳
般，由外往內橫向穿過整個
針目。

2 鉤針掛線，依箭頭指示引出
織線。

3 引出織線的模樣。鉤針依箭
頭指示掛線。

4 依箭頭指示，每次引拔2個
線圈。

5 完成裡引長針。

引上針的鉤織重點

以往復編鉤織「引上針」的技巧

織圖的針目記號，是以正面觀看織片時的狀態來呈現。

始終看著正面進行鉤織的輪編，每段皆按照織圖的記號編織引上針即可，

然而交互看著正反面進行鉤織的往復編，在看著背面鉤織的織段，實際上則是要鉤織與記號相反的針目。

（「表引上針」時要鉤織「裡引上針」，「裡引上針」時要鉤織「表引上針」。）

看著正面鉤織的織段（ ← 的織段），依照記號進行鉤織即可。

看著背面鉤織的織段（ → 的織段），進行與記號相反的引上針織法。

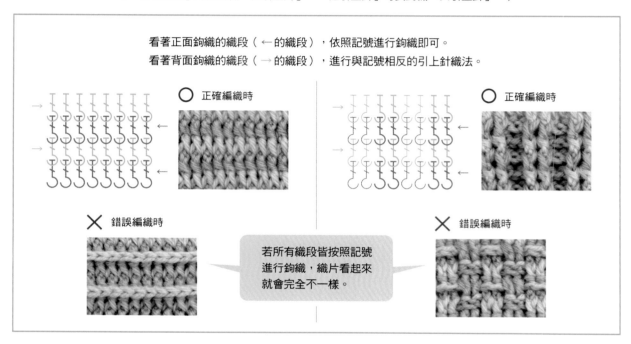

○ 正確編織時

○ 正確編織時

✕ 錯誤編織時

✕ 錯誤編織時

若所有織段皆按照記號
進行鉤織，織片看起來
就會完全不一樣。

在前前段挑針鉤織「引上針」

跳過前段，鉤針穿入前前段的針腳，掛線引出長長的織線進行鉤織。

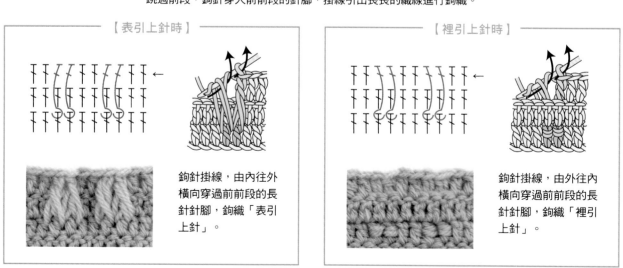

【 表引上針時 】

鉤針掛線，由內往外
橫向穿過前前段的長
針針腳，鉤織「表引
上針」。

【 裡引上針時 】

鉤針掛線，由外往內
橫向穿過前前段的長
針針腳，鉤織「裡引
上針」。

Index

樂・鉤織 29

全圖解・永久保存版！初學鉤針編織入門書

作　　　者／BOUTIQUE-SHA
譯　　　者／彭小玲
發　行　人／詹慶和
特 約 編 輯／蔡毓玲
責 任 編 輯／詹凱雲
編　　　輯／劉蕙寧・黃璟安・陳姿伶
責 任 編 輯／韓欣恬
美 術 編 輯／陳麗娜・周盈汝
出　版　者／Elegant-Boutique新手作
發　行　者／悅智文化事業有限公司
郵政劃撥帳號／19452608
戶　　　名／悅智文化事業有限公司
地　　　址／新北市板橋區板新路206號3樓
電　　　話／（02）8952-4078
傳　　　真／（02）8952-4084
電 子 信 箱／elegantbooks@msa.hinet.net

2024年07月初版一刷　定價 420 元

Lady Boutique Series No.8122
SHIN KAGIBARI-AMI NO KIHON
© 2021 Boutique-sha, Inc.
All rights reserved.
Original Japanese edition published in Japan by BOUTIQUE-SHA.
Chinese (in complex character) translation rights arranged with
BOUTIQUE-SHA
through Keio Cultural Enterprise Co., Ltd., New Taipei City, Taiwan.

經銷／易可數位行銷股份有限公司
地址／新北市新店區寶橋路235巷6弄3號5樓
電話／（02）8911-0825　　傳真／（02）8911-0801

國家圖書館出版品預行編目資料

全圖解.永久保存版！初學鉤針編織入門書／
BOUTIQUE-SHA編著；彭小玲譯.
-- 初版. -- 新北市：Elegant-Boutique新手作，
2024.07
　面；　公分. -- (樂.鉤織；29)
ISBN 978-626-98203-6-8(平裝)

1.CST: 編織 2.CST: 手工藝

426.4　　　　　　　　　　　113009721

線材提供

Hamanaka株式会社
http://hamanaka.co.jp/

DARUMA（橫田株式会社）
http://daruma-ito.co.jp/

Puppy（株式会社DAIDOH FORWARD）
http://www.puppyyarn.com/

工具提供

Clover株式会社
http://www.clover.co.jp

日文版staff

編輯／北原さやか　高橋沙絵　久富素子　西園美加子
　　　寺島綾子
攝影／腰塚良彦　藤田律子
書籍設計／牧陽子
製圖／白井麻衣
髮妝／三輪昌子
模特兒／sono